echt clever!

GENIALE ERFINDUNGEN
aus
RHEINLAND-PFALZ

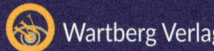
Wartberg Verlag

IMPRESSUM

1. Auflage 2017
Alle Rechte vorbehalten, auch die des auszugs-
weisen Nachdrucks und der fotomechanischen
Wiedergabe.
Gestaltung und Satz: r2 | Ravenstein, Verden
Druck: Druckerei Uhl GmbH & Co. KG, Radolfzell
Buchbinderische Verarbeitung: Buchbinderei
S. R. Büge, Celle
© Wartberg-Verlag GmbH
34281 Gudensberg-Gleichen • Im Wiesental 1
Telefon: 056 03/9 30 50 • www.wartberg-verlag.de
ISBN: 978-3-8313-2993-9

DANKE

Für ihre Unterstützung bedanke ich mich bei den Mitarbeiterinnen und
Mitarbeitern der Firmen, Institutionen, Vereinen und Städte, die mir bei
der Recherche behilflich waren oder mir Informations- und Bildmaterial
zur Verfügung gestellt haben. Ohne ihre engagierte Mithilfe wäre das Buch
nicht zustande gekommen.

BILDNACHWEIS

Seiten 6 (Archiv Gerstenbeg), 8 (imageBROKER/Heinz-Dieter Falkenstein), 14 (Roger Viollet), 16 (Granger,
NYC), 17 (Tollkühn), 18 (histopics), 22 (mauritius), 24 (Granger, NYC), 27 (Granger, NYC), 28 (Westend61/
Gaby Wojciech), 31, 33 (Imagno), 35 (Fotografisches Atelier Ullstein), 38 (McPhoto/Bernd Leitner), 46
(NMSI/Science Museum), 53 (Ulrich Baumgarten), 58, 59 (Gircke), 62, 64 (CHROMORANGE/Bernd
Ellerbrock), 66 links, 66 rechts (Photo12), 69 (Graudenz), 71 (NMSI/Science Museum), 72, 73 (NMSI/
Science Museum), 79, 80 (Röhnert), 82, 83, 84, 86 (Teutopress), 87 (United Archives/KPA), 92 (CARO/
Sven Hoffmann), 98 (Oscar Poss), 99 (CARO/Frank Sorge): ullstein bild. Seiten 7, 9 Museum am Strom,
Stadt Bingen. Seiten 10, 11, 12, 13: Gutenberg-Museum Mainz. Seite 20: Cornelia Obernauer, Gemeinde
Weyerbusch. Seite 23 Stadtarchiv Kaiserslautern. Seite 25 Landesbibliothek Rheinland-Pfalz, Dilibri
Rheinland-Pfalz (www.dilibri.de). Seite 29: Deidesheimer Hof. Seite 32 Deutz AG. Seite 34 links Stadtarchiv
Zweitbrücken. Seite 34 rechts: ÖNB/Wien, Pf158034C1. Seite 37: Heinz Braun, Stadt Zweibrücken. Seite
40 BASF. Seiten 41, 42: Stabila Annweiler. Seite 45 Bundesarchiv, Bild 183.
Seite 44: Büro für Tourismus Maikammer. Seiten 47, 48, 49, 50: Fissler Idar-Oberstein. Seiten 51, 52
Boehringer Ingelheim. Seiten 54, 55, 56, 57: Werner und Mertz, Mainz. Seiten 60, 61 Audi AG. Seite 63
Raytheon Anschütz GmbH. Seite 65 BASF Corporate History Ludwigshafen/Rhein. Seite 70 Zimmer-
mann Rhönradbau. Seite 74 Friedrich Paneth. Seiten 75, 76, 77: KSB AG Frankenthal. Seite 78 Fotolia/
Francesco83. Seiten 88, 90, 91: Telefunken. Seite 93 Wirtschaftsförderunggsgesellschaft Westerwald-
kreis. Seiten 94, 96: SCHOTT Mainz. Seite 97 Sternjakob. 100, 102, 103: Human Solutions Kaiserslautern.
Titelbilder: Westend61/Tom Hoenig (oben links), McPhoto/Bernd Leitner (oben Mitte), Schlochauer (oben
rechts), ullstein (unten links), imageBROKER/Heinz-Dieter Falkenhausen (unten rechts): ullstein bild.
Wir danken allen Lizenzträgern für die freundliche Abdruckgenehmigung. In Fällen, in denen es nicht
gelang, Rechtsinhaber an Abbildungen zu ermitteln, bleiben Honoraransprüche gewahrt.

VORWORT

Geniale Erfindungen aus Rheinland-Pfalz, da fällt einem auf Anhieb die genialste Erfindung schlechthin ein, der Buchdruck. Gutenbergs Maschine hat die Entwicklung der Menschheit entscheidend beeinflusst. Doch aus Rheinland-Pfalz kommen noch weitaus mehr geniale Erfindungen. Der Klappmeter zum Beispiel, besser als Zollstock bekannt. Das Pal-Farbfernsehsystem, der Otto-Motor, Kreiselkompass und Geigerzähler wurden von rheinland-pfälzischen Köpfen erdacht. Einige dieser Erfindungen wurden und werden von Firmen, die noch heute erfolgreich am Markt bestehen, weiterentwickelt und vertrieben, wie Schott mit dem Glaskeramik-Kochfeld in Mainz zum Beispiel oder der Gulaschkanonenerfinder Fissler in Ida-Oberstein, der sich auf Töpfe spezialisiert hat. Auch „kulinarische Neuheiten" wurden von Rheinland-Pfälzern entwickelt, Toast Hawaii etwa oder − natürlich − der Pfälzer Saumagen. Und zu guter Letzt ersannen findige Köpfe Mittel und Wege, um die Gemeinschaft zu stärken, Friedrich Wilhelm Raiffeisen, der dem Genossenschaftswesen auf die Beine half.

Dieses Buch geht auf eine unterhaltsame Reise durch die rheinland-pfälzische Tüftler-Geschichte und blickt auf eine Vielzahl kluger Köpfe mit unermesslichem Ideenreichtum und Erfindergeist. Am Ende bleibt überraschtes Staunen, wie viele Erfindungen tatsächlich in Rheinland-Pfalz oder von in Rheinland-Pfalz geborenen genialen Erfindern erdacht und entwickelt wurden und immer noch werden. „Echt clever", die Rheinland-Pfälzer!

Sibylle Schwertner

INHALT

DIE HEILKUNDE DER HILDEGARD

von Bingen

„Äußere Schönheit kommt von innen." Was sich so elegant anhört wie ein Werbespruch aus unserer Zeit, stammt tatsächlich von Hildegard von Bingen, jener bedeutsamen Benediktineräbtissin, die von manchem gar als „Deutschlands größte Frau" bezeichnet wird. Keine andere Frau des Mittelalters jedenfalls war so geschäftig wie die Nonne vom Rupertsberg, die als Mystikerin, Naturforscherin, Medizinerin, Dichterin, Komponistin, Kirchenpolitikerin und Prophetin von sich reden machte und das zu Beginn des 12. Jahrhunderts, als die Frau an sich in der Öffentlichkeit gleichsam nicht existierte. Sie gab Anleitungen für ein ganzheitliches Denken, wollte Körper, Geist und Seele auf allen Ebenen des Menschseins als Ganzes verstanden wissen. Heute erfahren ihre Ansätze weltweit Anerkennung und stehen im Mittelpunkt unzähliger Forschungsarbeiten, wissenschaftlicher und populärer Bücher und Studien.

Hildegard von Bingen

Hildegard von Bingen wurde als zehntes Kind adliger Eltern 1098 in Bermersheim zwischen Alzey und Worms geboren. Der genaue Geburtstag ist nicht bekannt, wird zwischen Mai und September vermutet. Schon in Kindertagen fielen ihre hellseherischen Gaben auf, ihre Visionen füllten später drei Bücher, darüber hinaus gibt es eine ganze Reihe Schriften zu theologischen Fragen ihrer Zeit. Bereits als Achtjährige brachten ihre Eltern sie in die Klause auf dem Disibodenberg. Dort wurde sie von Jutta von Sponheim erzogen und lernte Latein, ihre weitere Ausbildung übernahm der Mönch Volmar vom Disibodenberg, ihr späterer Sekretär. Als Jutta von Sponheim starb, wurde Hildegard ihre Nachfolgerin und begann

Das Museum am Strom in Bingen zeigt in einer Dauerausstellung alle Facetten der Heiligen.

damit, ihre Visionen und mystischen Erlebnisse aufzuschreiben, mit ausdrücklicher Zustimmung des Papstes. Das machte sie rasch berühmt, sodass viele junge Mädchen in das Kloster eintreten wollten, das dafür aber viel zu klein war. In einer weiteren Vision soll Gott Hildegard befohlen haben, ein neues Kloster auf dem Rupertsberg zu gründen. Den Mönchen vom Disibodenberg gefiel das natürlich weniger, verloren sie damit doch den Zugriff auf den Großteil des von den Nonnen eingebrachten Vermögens. Trotzdem setzte Hildegard sich durch und zog 1150 mit 18 ihrer Nonnen in das neue Kloster.

Hier starb sie mit für die damalige Zeit beachtlichen 81 Jahren am 17. September 1179. Als Heilige verehrte man sie schon zu Lebzeiten und 2012 wurde sie schließlich auch ganz offiziell von Papst Benedikt XVI. heiliggesprochen. Im selben Jahr erhob man sie auch zur Kirchenlehrerin, eine Ehre, die nur ganz wenigen Menschen zuteil wird.

Das Zusammenfassen des damaligen Wissens über Krankheiten und Heilpflanzen wird als Hildegard von Bingens besonderes Vermächtnis angesehen. In zwei von drei Werken befasst sie sich zum einen mit Pflanzenkunde, Tier- und Gesteinskunde und zum anderen mit dem Wesen und der Heilung von Krankheiten. Sie beschreibt über hundert Heilpflan-

Die Klosterruine auf dem Disibodenberg

zen und liefert Rezepte für die Anwendung etwa als Kräuterwein, Pulver, Tee, Salben und Tinkturen. Akribisch schildert sie, welches Mittel für welchen physischen aber auch psychischen Zustand einzusetzen ist. Dabei benutzt sie erstmals die volkstümlichen Namen der Pflanzen, was ihre Werke auch heute noch für den interessierten Laien zugänglich macht. In ihrer Kräuterapotheke hielt sie die unterschiedlichsten Kräuter für viele Krankheiten parat, ganz nach dem Motto: „Gegen jedes Leiden ist ein Kraut gewachsen." Sie beschränkte sich indes nicht nur auf Pflanzen, sondern zog unter anderem auch Edelsteine und Metalle zur Heilung heran und verwies in diesem Zusammenhang auch ausdrücklich auf die große Bedeutung der Ernährung für die allgemeine Gesundheit.

Als ständige Ergänzung zur Hildegard-von-Bingen-Ausstellung im benachbarten Museum am Strom in Bingen zeigt der Garten zahlreiche Pflanzen, die Hildegard in ihrer Naturkunde („Physica") beschrieben hat.

Vielleicht war ihre eigene stets schwächelnde Gesundheit ein Grund für ihr ausgedehntes Engagement in der Naturheilkunde. Und wenn man bedenkt, dass Hildegard 81 Jahre alt geworden ist, in einer Zeit, in der die durchschnittliche Lebenserwartung bei 35 bis 40 Jahren lag, kommt ihrer Arbeit ein ungleich höherer Stellenwert zu. Sie selbst scheint das beste Beispiel für die Wirksamkeit ihrer „Heilkunde" zu sein. Kein Wunder also, dass ihre Mitte

des 19. Jahrhunderts wiederentdeckten Schriften auf reges Interesse stoßen.

Ob die Schriften tatsächlich alle von Hildegard von Bingen stammen, ist indes trotz mittlerweile umfangreicher Erforschung ihrer Arbeiten noch immer umstritten. Die älteste noch erhaltene Fassung ist eine Abschrift einer der beiden medizinischen Schriften mit dem Titel „Physica" aus dem Jahr 1300, die jedoch zwischen 1150 und 1158 verfasst worden sein soll. Die Vermutung liegt deshalb nahe, dass es sich um eine Schrift Hildegards handelt. Ihre ganzheitlichen Ansätze jedenfalls haben bis heute nichts an Bedeutung verloren und bilden einen wichtigen Bestandteil der modernen Naturheilkunde.

DER BUCHDRUCK

Zu den größten Schätzen des Gutenberg-Museums in Mainz gehören zwei originale Gutenberg-Bibeln aus der Mitte des 15. Jahrhunderts.

Zum „Mann des Jahrtausends" wurde Johannes Gutenberg 1999 gekürt, seine Erfindung 1997 zur „bedeutendsten Erfindung des zweiten Jahrtausends" gewählt: Der Mainzer hat Weltgeschichte geschrieben, seine Erfindung – der Druck mit beweglichen Lettern und die Druckerpresse – brachte eine Revolution in der Verbreitung von humanistischem und religiösem Gedankengut, setzte damit die Alphabetisierung in Gang und verhalf letztlich auch Martin

Luthers reformatorischen Thesen zum Durchbruch. Gutenbergs Erfindung markiert schließlich den Übergang vom Mittelalter in die Neuzeit.

Das genaue Geburtsdatum von Johannes Gensfleisch – nach dem Namen seines Familiensitzes „zum Gutenberg" genannt – ist nicht bekannt. Um 1400 erblickte er als Sohn von Friedrich und Else Gensfleisch in Mainz das Licht der Welt. Sein Vater war Kaufmann und damit Angehöriger der Oberschicht, Else Wilrich dessen zweite Ehefrau. Auch über Gutenbergs Kindheit weiß man nicht viel. Seine guten Lateinkenntnisse aber und sein unternehmerisches Können, das er gar nicht selten immer wieder aufs Neue unter Beweis stellen musste, deuten darauf hin, dass er Bildung in irgendeiner Art genossen haben musste.

Mainz befand sich in der Zeit in einer schweren Krise, die Stadt war hoch verschuldet und kämpfte noch immer mit den Nachwirkungen der Pest. Die Führungsschicht aus Patriziern und Zünften machte sich gegenseitig für die Lage verantwortlich, was schließlich zum Wegzug großer Teile der Oberschicht führte. Auch Gutenbergs Familie verließ Mainz und zog 1411 nach Eltville. Nach dem Tod des Vaters hatte Johannes einen ersten Gerichtsstreit mit seinen Geschwistern um das Erbe zu bestehen, es sollte nicht der einzige bleiben. Genaue Angaben, wo Gutenberg sich bis 1434 aufgehalten hat, gibt es nicht. Erst 1434 ist seine Anwesenheit in Straßburg verbrieft. Hier kam es denn auch zum nächsten Rechtsstreit. Gutenberg hatte wohl der Patriziertocher Ennelin zu der Isern Türe die Ehe versprochen, denn sie verklagte ihn 1436 vor dem geistlichen Gericht in Straßburg wegen des „Bruchs des Heiratsversprechens".

Porträt Gutenbergs – Kopie von 1830 nach dem 1870 in Straßburg verbrannten Original

In den folgenden Jahren gründete Gutenberg zusammen mit mehreren Teilhabern eine Finanzierungsgesellschaft zur Entwicklung neuer technischer Verfahren, was ihm just den nächsten Rechtsstreit einbrachte. 1439 muss er sich erneut vor Gericht verantworten, aus den Akten geht hervor, dass er sich in dieser Zeit offenbar schon mit der Entwicklung des Buchdrucks beschäftigte.

Erst 1448 kehrte er nach Mainz zurück, nahm einen Kredit auf und fand schließlich 1450 in Johannes Fust einen neuen Partner für sein Projekt „Werk der Bücher". Mit dessen Geld konnte er sein Druckverfahren und die Druckerpresse entwickeln. Sein Ziel war es, die außergewöhnlichen schönen Handschriften auf seine Drucke zu übertragen. Dazu zerlegte er den Text in seine Einzelteile, in Klein- und Großbuchstaben, Satzzeichen, Ligaturen und Abkürzungen, ganz wie

Der rekonstruierte Nachbau der Gutenberg-Presse

sie ihm nach der Tradition der mittelalterlichen Schreiber vorlagen. Durch ein eigens von ihm entwickeltes Handgießinstrument stellte er für jeden Buchstaben eine Art Urform her, die alle die gleiche Höhe hatten. Dieses Handgießinstrument war der eigentlich bedeutende Teil seiner Erfindung: Es machte es erst möglich, die jeweils benötigte Menge an Buchstaben schnell, ohne lange Handarbeit zu gießen. Das Gussmetall bestand aus einer Legierung aus Blei,

Das eigentlich geniale an Gutenbergs Erfindung war das Handgießinstrument.

Zinn und weiteren Beimischungen, die die Form nicht nur schnell erkalten ließen, sondern auch dem hohen Druck der Presse lange standhielten.

Als Johannes Gutenbergs Meisterwerk gilt die „Zweizeilige Bibel", ein aus zwei Bänden mit insgesamt 1282 Seiten bestehendes Werk, für das 290 verschiedene gegossene Elemente und immerhin 20 Mitarbeiter von vonnöten waren.

Im Übrigen geriet Gutenberg auch mit seinem Partner Johannes Fust wieder in Streit, 1455 verklagte Fust ihn wegen ausbleibender Zinsen und Geldrückzahlungen und weil er angeblich das Geld nicht allein in die Entwicklung des gemeinsamen Projektes investiert haben sollte. Am Ende sprach das Gericht Fust Teile der Gerätschaften zu und Gutenberg suchte und fand den nächsten Partner, diesmal zum Aufbau einer eigenen Druckwerkstatt.

Gutenbergs Erfindung jedenfalls fiel auf fruchtbaren Boden. Druckereien wurden schon bald in allen großen Städten weltweit gegründet und sorgten so für die Verbreitung von Wissen, Erkenntnissen, Ideen und ganz banalen Nachrichten. Gutenbergs Druckkunst förderte nicht nur den wirtschaftlichen Fortschritt, sie wurde zu einem Meilenstein für die Menschheit auf dem Weg in die Neuzeit.

Wer weiß, was zum Beispiel aus Martin Luthers reformatorischen Ideen geworden wäre, wenn nicht Johannes Gutenberg die Möglichkeit zur raschen Vervielfältigung seiner Schriften erfunden hätte? Ein Wort, erst einmal gedruckt und so einer breiten Öffentlichkeit zugänglich gemacht, lässt sich nun einmal nicht mehr so schnell aus der Welt schaffen.

LEBENSMITTEL IM GLAS

Nicolas Appert erfand das Haltbarmachen von Lebensmitteln durch Einkochen. Zuvor hatte er am Hofe des Herzogs von Zweibrücken gekocht.

In Frankreich würdigte man seine geniale Erfindung mit dem Titel „Wohltäter der Menschheit" und durch einen von Napoléon ausgeschriebenen Wettbewerb überreichte man ihm ein Preisgeld von 12 000 Goldfranken, mit dem er prompt eine Konservenfabrik gründete: Nicolas Appert, der unter dem Namen Franz Nikolaus Abert von 1772 bis 1775 als Koch am Hofe des Herzogs Christian IV. von Zweibrücken und danach bei der Gräfin von Forbach bei Saarbrücken tätig war.

Zweibrücken, das sich gerne als Erfinder- und Entwicklerstadt bezeichnet, ist nun davon überzeugt, dass Nicolas Appert die Idee zum Einkochen von Lebensmitteln und damit länger haltbar machen auf seinen damals noch recht langen Urlaubsreisen von Frankreich nach Zweibrücken gekommen war, wollte er doch seinem Herzog genießbare Lebensmittel aus seiner

Heimat mitbringen. Bewiesen ist die Behauptung nicht. Wahr ist aber, dass Nicolas Appert in Zweibrücken gekocht hat. Nach dem Tod des Herzogs erhielt er eine Anstellung bei der Gräfin von Forbach bei Saarbrücken. Hier blieb er bis 1784, dann kehrte er ganz nach Frankreich zurück und eröffnete in Paris eine Confiserie.

Napoléon Bonaparte setzte in jener Zeit ein Preisgeld von 12 000 Goldfranken für denjenigen aus, dem die Haltbarmachung von Lebensmitteln gelang, denn bei seinen Feldzügen starben mehr Soldaten an Unterernährung als im eigentlichen Kampfgeschehen. Es war die Zeit nach der französischen Revolution, in der das Heer schon mehrere tausend Soldaten umfassen konnte. Und diese große Zahl Soldaten musste ernährt werden. Nicolas Appert holte sich das Preisgeld mit seinem Verfahren, Lebensmittel in zylindrischen Glasgefäßen mit fest verschlossenem Deckel durch Erhitzung im Wasserbad haltbar zu machen, er hatte also das „Einkochen" entdeckt, ein Meilenstein der Ernährungsgeschichte. Zwar waren Vitamine zu jener Zeit noch gänzlich unbekannt, Appert war sich dennoch sicher, dass wertvolle Nährstoffe der Lebensmittel in seinen Gläsern bestens aufgehoben waren.

Viel ist über Appert nicht bekannt. Nicht einmal sein Geburtsjahr ist zweifelsfrei verzeichnet, irgendwann zwischen 1749 bis 1752 wurde er als Sohn eines Weinhändlers und Gastwirts in der Champagne geboren. Er machte eine Ausbildung zum Koch und ließ sich zum Meisterkoch fortbilden. In Zweibrücken war er Mundkoch und Küchenchef, in Forbach Chef de Cuisine.

Die gläsernen Konservenbehälter waren fortan fester Bestandteil der Versorgung der französischen Marine und Appert erhielt 1810 sein Preisgeld „für die Kunst, alle animalischen und vegetabilischen Substanzen in voller Frische zu erhalten". Seine Erfindung hielt er in einem Kochbuch fest, das auch in einer deutschen Übersetzung erschienen ist. Das Preisgeld investierte Appert in eine Fabrik, die schon kurze Zeit später Konserven aus Blech herstellte. Auf der Weltausstellung in London wurde eine von Apperts Büchsen geöffnet. Sie war 38 Jahre alt und ihr Inhalt durchaus noch genießbar. Das hat Appert allerdings nicht mehr miterlebt, er starb im hohen Alter von 91 Jahren 1841 in Paris.

DER WIENER CAFÉHAUSSTUHL

Michael Thonet wurde 1796 in Boppard am Rhein geboren.

Jeder kennt ihn, den berühmten Wiener Caféhausstuhl, die „Nr. 14" der Bugholzmöbel von Michael Thonet. Dieser Stuhl gilt als das gelungenste Industrieprodukt weltweit. Grundlage dafür war die von Michael Thonet in den 1830er-Jahren perfektionierte Methode massives Holz zu biegen. Er hat mit seiner Erfindung, Holz mithilfe von Wasserdampf und Muskelkraft in die gewünschte Form zu bringen, den Grundstein für moderne Möbel gelegt. Die neue Technik sorgte für eine Revolution beim Einrichtungsstil.

Michael Thonet wurde 1796 in Boppard am Rhein geboren. Nach einer Tischlerlehre machte er sich 1819 selbstständig. Um 1830 fing er an mit verleimten und gebogenen Holzleisten zu experimentieren. 1836 stellte er den „Bopparder Schichtholzstuhl" aus im Leimbad gekochtem, gebogenem Holz, „Bugholz" genannt, vor. Ein Patent bekam er trotz mehrerer Anträge für sein

Der Klassiker:
Thonets Wiener Caféhausstuhl

neues Verfahren nicht, aber Erfolg hatte er trotzdem. Schnell wurden seine Möbel berühmt und sehr begehrt. 1842 ging Thonet auf Betreiben von Fürst Metternich nach Wien und gründete dort mit seinen Söhnen ein rasch expandierendes Unternehmen. Das Palais Liechtenstein wurde genauso mit Möbeln von Thonet ausgestattet wie das berühmte Kaffeehaus Daum in Wien. Dabei war es nicht nur das innovative Design, das die Möbel so begehrt und damit erfolgreich machte, sondern vor allem auch Qualität und Langlebigkeit, auf die der Firmengründer und seine Nachfahren von Anfang an größten Wert legten. So erzählt man sich von einem Vorfall bei der Ausstattung des Eiffelturm-Restaurants in Paris: Einer der Stühle soll von der ersten Plattform aus 57 Metern in die Tiefe gestürzt sein − er nahm nicht den geringsten Schaden.

Dieser Stuhl Nr. 14, der sogenannte Wiener Caféhausstuhl, der bis 1930 über 50 Millionen Mal produziert worden war, war ein wahrer Verkaufsschlager. Für diesen beeindruckenden Erfolg sorgte nicht zuletzt auch der innovative Vertrieb, eine größere Anzahl zerlegter Stühle wurde inklusive aller benötigten Schrauben in Transportkisten gepackt und in die ganze Welt geschickt. Montiert wurde dann erst vor Ort. Produziert wurden die sogenannten Bugmöbel von Thonet in Tschechien, Ungarn und Russland. Ab den 1930er Jahren nahm Thonet auch Möbel aus Stahlrohr in die Produktion auf und wurde hier größter Hersteller der Welt. Nach dem Zweiten Weltkrieg wurden die Produktionsstätten im Osten enteignet, es blieb nur die Fabrik in Frankenberg, die noch heute in Familienbesitz ist.

DIE GENOSSENSCHAFTSIDEE

Friedrich Wilhelm Raiffeisen

Den Wandel menschenverträglich zu gestalten sah schon Friedrich Wilhelm Raiffeisen als seine Lebensaufgabe an. Denn trotz aller privaten, beruflichen und gesundheitlichen Beeinträchtigungen war er stets darum bemüht, die Armut in seinem Umfeld zu lindern. Allerdings hatte er dabei nicht nur Wohltaten etwa durch das Verteilen von Hilfsgütern im Sinn, sondern bot vielmehr Hilfe zur

Selbsthilfe. Mit dem Modell der Genossenschaften schuf er beinahe zeitgleich mit Hermann Schultze-Delitzsch in Sachsen ein Unternehmensmodell mit enormer volkswirtschaftlicher Bedeutung, das auch international Anerkennung und Verbreitung fand. Heute sind rund 800 Millionen Menschen weltweit in über 900 000 Genossenschaften organisiert. Und das Genossenschaftswesen ist noch immer eng mit dem Namen Raiffeisen verbunden. Im Mai 2017 wurde die „Idee und Praxis der Organisation gemeinsamer Interessen in Genossenschaften" in die von der UNESCO geführte „Repräsentative Liste des Immateriellen Kulturerbes der Menschheit" aufgenommen.

Friedrich Wilhelm Raiffeisen wurde am 30. März 1818 in Hamm an der Sieg geboren, inmitten einer turbulenten Zeit des politischen und wirtschaftlichen Umbruchs. Es war die Zeit der Bauernbefreiung und beginnenden Industrialisierung und der damit verbundenen Massenarmut insbesondere der Landbevölkerung. Raiffeisen selbst genoss das Privileg, mit seinen acht Geschwistern zu einer angesehenen Familie zu gehören. Die Vorfahren seiner Mutter Amalie, geborene Lanzendörfer, waren überwiegend Kaufleute und Verwaltungsangestellte und stellten zu jener Zeit seit 75 Jahren durchgehend den Bürgermeister von Hamm. Da sein Vater schon früh vermutlich an Tuberkulose erkrankte und damit als Ernährer der Familie ausfiel, war seine Mutter, eine Pfarrerstochter mit tief verwurzeltem christlichen Glauben, auf sich allein gestellt. Ihre religiöse Erziehung hatte bleibenden Einfluss auf den jungen Friedrich, sein Denken und Handeln richteten sich sein Leben lang nach den christlichen Grundwerten. Das hinderte ihn indes nicht daran, als 17-Jähriger die Offizierslaufbahn in der Preußischen Armee einzuschlagen, 1838 wurde er zum Unteroffizier ernannt und zur Inspektionsschule in Koblenz abkommandiert. Hier erwarb er technisches Detailwissen, das ihm später als Bürgermeister insbesondere beim Wegebau sehr nützlich werden sollte. Ein Augenleiden beendete 1843 seine Militärkarriere, nach einer Weiterbildung zum Verwaltungsbeamten wurde er im Herbst 1843 zum kommissarischen Kreissekretär für Mayen in der Eifel ernannt. Seine ausgezeichneten Leistungen befeuerten seinen rasanten Aufstieg, schon 1845, im Alter von 27 Jahren, wurde er zum Bürgermeister in Weyerbusch im

Westerwald berufen, im Frühjahr 1849 als Bürgermeister für den Amtsbezirk Flammersfeld, im Herbst 1852 dann als Bürgermeister von Heddesdorf eingesetzt.

Für Raiffeisen war die Landwirtschaft Garant für Gesellschaft und Staat, und so gründete er im Winter 1846/47, nach einer schweren Missernte, zusammen mit wohlhabenden Bürgern den „Weyerbuscher Brodverein", der anfangs Lebensmittel an Bedürftige ausgab. Raiffeisen erkannte rasch, dass Wohltätigkeit alleine keine nachhaltige Verbesserung für die Betroffenen brachte. Sie brauchten Hilfe zur Selbsthilfe und so begann der Verein, gemeinschaftlich Saatgut zu beschaffen und einen Gemeindebackofen zu bauen. Die positiven Erfahrungen nahm Raiffeisen mit

Das Raiffeisen-Denkmal in Weyerbusch

nach Flammersfeld und später Heddesdorf und begann auch dort mit der Gründung erst wohltätiger Vereine und später genossenschaftlicher Organisationen.

Raiffeisens gesundheitlicher Zustand wurde immer schlechter, und er wurde deshalb 1865 mit nur 47 Jahren pensioniert. Er nutzte die Zeit, um sein Konzept in Genossenschaften organisierten gemeinschaftlichen Handelns weiterzuentwickeln und veröffentlichte 1866 sein heute noch bekanntes Buch „Die Darlehnskassen-Vereine als Mittel zur Abhilfe der Noth der ländlichen Bevölkerung sowie auch der städtischen Handwerker und Arbeiter". Darin gab er Hinweise zum Aufbau von Selbsthilfeorganisationen. Dieses Buch war ein erster wichtiger Schritt für die

Verbreitung seiner Ideen und Ansätze, die sich nicht allein auf Darlehnskassen-Vereine, sondern auch auf andere genossenschaftliche Zusammenschlüsse bezogen, wie etwa Verkaufs-, Winzer- und Molkereigenossenschaften. Was einer nicht schafft, das schaffen viele, war dabei seine Grundüberzeugung! Am 11. März 1888 starb Friedrich Wilhelm Raiffeisen in Heddesdorf bei Neuwied.

Ein weiterer Verdienst Raiffeisens ist der Ausbau des Wegenetzes in den von ihm betreuten Gemeinden. So war ihm schon früh bewusst, dass Industrialisierung nur da gelingt, wo Bodenschätze oder eben Straßen vorhanden sind. Er sorgte für den Anschluss der Gemeinden an den Rhein. Und wer das Genie Raiffeisens heute erfahren will, folgt einfach der historischen Raiffeisenstraße von Hamm an der Sieg und dem Neuwieder Stadtteil Heddesdorf über die Bundesstraße 256, die vom Westerwald an den Rhein führt. Die Straße, für deren Bau Raiffeisen während seiner Amtszeit als Bürgermeister in Weyerbusch, Flammersfeld und Heddesdorf verantwortlich war, zeichnet heute eindrucksvoll sein Wirken nach. Die Bürger der Gemeinden danken ihrem berühmten Bürgermeister mit Gedenkstätten und richteten in Hamm das „Deutsche Raiffeisenmuseum" ein.

Mit der Aufnahme der Genossenschaftsidee in die „Repräsentative Liste des Immateriellen Kulturerbes der Menschheit" wurde im Übrigen erstmals ein Vorschlag aus Deutschland berücksichtigt. Diese hohe Auszeichnung würdigt das Erbe von Raiffeisen und Schultze-Delitzsch, die die Grundlagen für die Genossenschaftsidee schufen.

DIE PFAFF-WERKE

An den meisten genialen Erfindungen ist eine Vielzahl von klugen Köpfen aus aller Welt beteiligt. Das gilt auch für die moderne Nähmaschine, für die aber aus Rheinland-Pfalz nicht nur der Erfinder der Nähmaschinennadel Balthasar Krems aus Mayen kam, sondern auch einer der bekanntesten Nähmaschinenhersteller seinen Firmensitz hatte: Pfaff in Kaiserslautern. Pfaff zeichnete für einige geniale Weiterentwicklungen verantwortlich. So brachte das Unternehmen die erste Zickzack-Maschine auf den Markt, die 6000 Stiche pro Minute schaffte und führte den weltweit ersten Aufnäherautomaten für Jeanstaschen ein.

Balthasar Krems wurde 1760 in Mayen geboren, wo er im Alter von 53 Jahren 1813 auch starb. Er war Strumpfwirker, ein angesehenes Handwerk im Mittelalter. Er stellte hauptsächlich die von den Franzosen für die Bürger vorgeschriebenen Jakobinermützen mit einem sogenannten „Strumpfwirk- oder Handkulierstuhl" her. Weil er mit der Arbeit kaum nachkam, dachte er über ein Beschleunigungsverfahren nach. Zwischen 1800 und 1810 baute er einen

Solange es Arbeit für Näherinnen in der Bekleidungsindustrie gab, profitierte auch der Nähmaschinenhersteller Pfaff.

Prototyp einer Nähmaschine, die eine Kettstichnaht ermöglichte, mit der er die Mützen viel schneller umsäumen konnte. Das Geniale an seiner Erfindung war die Nadel, die das Nadelöhr am unteren Ende direkt über der Spitze hatte. Erst diese Konstruktion machte die weitere Entwicklung der Nähmaschine überhaupt erst möglich. Und sie hat sich bis auf den heutigen Tag bewährt, Millionen von Nähmaschinen arbeiten noch immer mit genau so einer Nadel. Krems Maschine kann heute noch im Eifelmuseum der Genovevaburg in Mayen besichtigt werden.

Ein Name steht für Nähmaschinen wie kein anderer: Pfaff Kaiserslautern. Im Jahr 1862 baut Georg Michael Pfaff, eigentlich ein Instrumentenbauer, seine erste Nähmaschine nach der von Elias Howe konstruierten Zweifadenmaschine, die immerhin schon 300 Stiche in der Minute schaffte. Bereits 1910 konnte Pfaff die millionste in seinem Werk in Kaiserslautern gebaute Nähmaschine an das Historische Museum in Speyer übergeben. Ab 1907 wurden neben den normalen Haushaltsnähmaschinen auch Industriemaschinen hergestellt. 1951 brachte Pfaff die erste tragbare Koffer-Haushaltsnähmaschine mit variablem Freiarm auf den Markt, 1967 kam die turboschnelle Zickzack-Maschine und 1968 schließlich der Aufnähautomat für Jeanstaschen. Bis in die 1980er-Jahre kannte Pfaff nur eine Entwicklungsrichtung: nach oben. Der Niedergang der Schuh- und Bekleidungsindustrie indes ging auch an dem Kaiserslauterer Unternehmen nicht spurlos vorüber, die Abnehmer für Industrie-Nähmaschinen brachen weg. Trotz Fusion mit Singer musste Pfaff 1999 zum ersten Mal

Haupteingang zum Pfaff-Nähmaschinen-Werk in Kaiserslautern um 1960

Insolvenz anmelden, 2008 der zweite Insolvenzantrag gestellt werden. Seit 2013 ist ein chinesisches Konsortium Eigentümer der Pfaff-Werke. „Pfaff Industrial" stellt indes weiterhin Spezial-Nähmaschinen für die Industrie in Kaiserslautern her.

SANTA CLAUS

kommt aus der Pfalz – Thomas Nast, Vater der politischen Karikatur

Thomas Nast

Denkt man an den Weihnachtsmann, dann hat man prompt ein ganz konkretes Bild vor Augen: Ein pausbäckiger alter Herr mit weißem Rauschebart in einem roten Anzug, eine Mütze mit weißem Fellbesatz auf dem Kopf. Gezeichnet wurde der gütige alte Mann mit schneeweißem Bart, Pfeife und dickem Bauch erstmals von dem Mitte des 19. Jahrhunderts in die USA ausgewanderten Landauer Thomas Nast. Die Idee für die Karikatur, die die Weihnachtstitelseite einer Zeitschrift schmücken sollte, kam ihm, so wird es jedenfalls berichtet, durch die Erinnerung an den Pfälzer Pelznickel. Thomas Nast gilt bis heute als der Vater der politischen Karikatur in den Vereinigten Staaten von Amerika. Er schuf eine Vielzahl von Cartoons, von denen einige noch heute sehr bekannt sind, wie eben Santa Claus und die Symbolfigur der USA, Uncle Sam – der spindeldürre Frackträger mit Zylinder und spitz zulaufendem Vollbart.

Thomas Nast wurde 1840 in Landau geboren. 1848 verließ er mit seiner Mutter und Schwester die Pfalz, um der bitteren Armut jener Jahre zu entkommen. Der Vater, ein Militärmusiker, folgte ihnen drei Jahre später. Leicht war der Start des Schülers Thomas Nast in der neuen Heimat Amerika nicht. Vielmehr teilte er das typische Dasein deutscher Immigranten im 19. Jahrhundert, er tat sich schwer mit der fremden Sprache, entsprechend schlecht waren seine schulischen Leistungen. Schon früh allerdings kam sein zeichnerisches Talent zum Vorschein und so steckte man ihn in eine Kunstschule. Eine goldrichtige Entscheidung, wie sich schon bald herausstellen sollte, denn mit gerade einmal 15 Jahren bekam Nast seine erste Anstellung als Zeichner bei einer Zeitung. Die Fotografie steckte noch in den Kinderschuhen und so waren Zeichner gefragte Leute in der Medienbranche jener Jahre. Nast machte sich schnell einen Namen, in seinen Karikaturen prangerte er gesellschaftliche Missstände an und gab Korruption, Diskriminierung, ja sogar Wettrüsten und Krieg ein Gesicht.

Seymour überreicht General Grant seinen Degen zum Zeichen der Kapitulation.

Auch politisch hatte Nast seine Position gefunden, er wandte sich gegen Sklaverei und war glühender Verehrer von Präsident Abraham Lincoln. Lincoln soll wiederholt auf Nasts Karikaturen hingewiesen haben, in denen er den Rassismus des Südens anprangerte. Lincoln soll es auch gewesen sein, der sich 1862 ein „besonderes Weihnachtsbild" von Nast erbeten hatte. Thomas Nast besprach sich mit seiner Schwester Bertha, die ihn in diesem Gespräch an den pfälzischen Belzenickel erinnerte. Nast soll die ganze Nacht an dem Bild gearbeitet haben: Am nächsten Morgen präsentierte er seinem Herausgeber einen Weihnachtsmann für die Titelseite, die am 3. Januar 1863 erschien. Sie zeigte jenes Bild, das man heute noch weltweit kennt, Santa Claus in patriotischer Kleidung, der Weihnachtsgeschenke verteilt, allerdings nicht an Kinder, sondern an Soldaten. Ein besonders bedeutsames Detail in dieser Zeichnung war der Hampelmann, den Santa Claus in der Hand hält, er hat frappierende Ähnlichkeit mit Jefferson Davis, Lincolns erbittertem Gegenspieler. Der Hampelmann hat einen Strick um den Hals. Es fällt nicht schwer, sich vorzustellen, was Nast damit andeuten wollte. In der gleichen Ausgabe der Zeitung gab es aber noch zwei weitere Weihnachtszeichnungen von Nast, beide ganz traditionell-weihnachtlich.

Nach dem Bürgerkrieg widmete sich Nast, wie viele seiner New Yorker Kollegen, dem Kampf gegen den „Boss", den demokratischen Kongressabgeordnet William Tweed, der aus einer Wohltätigkeitsorganisation eine gewinnorientierte Interessengemeinschaft reicher Männer gemacht hatte. Was die

Zeitungen über Tweed schrieben, interessierte ihn persönlich nicht, seine Zielgruppe konnte nicht lesen, die Zeichnungen verstanden sie aber wohl. Nast prangerte die Machenschaften Tweeds an, in dem er sein Gesicht als Dollar-Zeichen darstellte. Das verstand jeder. Nast gewann den Kampf gegen Tweed.

Den Kampf gegen den sich wandelnden Zeitgeist um 1870 indes gewann Nast nicht. 1884 verlor er durch eine Spekulation sein Vermögen und scheiterte mit einer eigenen Zeitung. Präsident Theodore Roosevelt half ihm durch die Ernennung zum Konsul von Ecuador. Dort starb Thomas Nast im Dezember 1902 an Gelbfieber, am 7. Dezember – einen Tag nach Nikolaus.

Seine Heimatstadt Landau in der Pfalz trägt dem Andenken an den berühmten Sohn durch ein Denkmal Rechnung, der Weihnachtsmarkt ist nach ihm benannt, auch eine Straße und eine Grundschule tragen seinen Namen. Der Thomas-Nast-Verein hat es sich zur Aufgabe gemacht, „die Kenntnis über sein herausragendes künstlerisches Schaffen und Werk zu fördern und zu verbreiten", heißt es in seiner Satzung. Zu diesem Zweck verleiht der Verein die „Thomas-Nast-Medaille" an ausgewählte, vornehmlich deutsche und amerikanische Karikaturisten.

Im Jahr 2017 organisierten Stadt und Verein eine Ausstellung, in der Nast-Karikaturen gezeigt wurden, die sich mit gesellschaft-

Merry Old Santa Claus,
Holzschnitt in Harper's Weekly,
1. Januar 1881

lichen und wirtschaftlichen Fragen seiner Zeit auseinandersetzen. Themenschwerpunkte waren unter anderem Diskriminierung, Sklavenbefreiung oder auch Präsidentschaftswahlkämpfe.

DER PFÄLZER SAUMAGEN

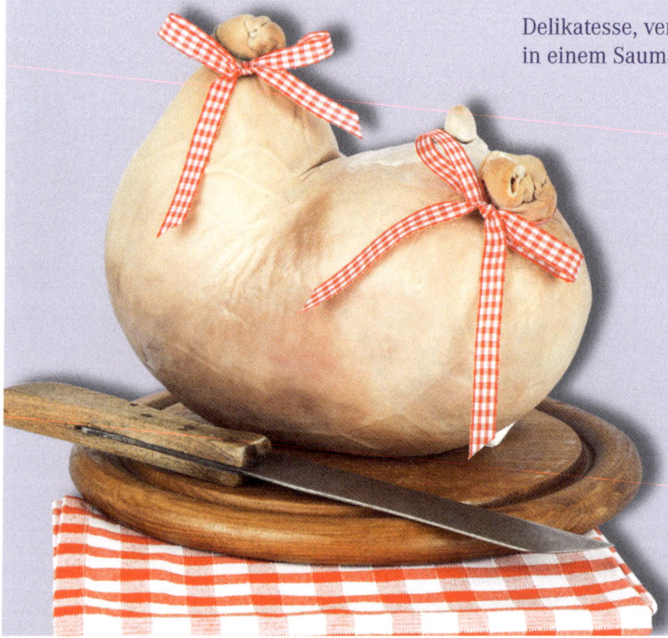

Delikatesse, verpackt und gegart in einem Saumagen

Weltruhm hat eine kulinarische Pfälzer Erfindung erlangt: Der Pfälzer Saumagen, gerne auch das „Kanzlersteak" genannt, weil die Pfälzer Spezialität bekanntermaßen Altbundeskanzler Helmut Kohls Lieblingsgericht war.

Margaret Thatcher, Michail Gorbatschow, Ronald Reagan, François Mitterrand und Spaniens früherer König Juan Carlos bekamen diese Pfälzer Spezialität bei Staatsbanketten vorgesetzt, am liebsten in der Weinstube des Deidesheimer Hofs, mitten im Herzen der Pfalz an der Weinstraße gelegen. Wie es ihnen geschmeckt hat? Wer kann das sagen? All diese namhaften Gäste waren schließlich vorzügliche Diplomaten!

Sicher ist, der Saumagen gilt als Pfälzer Nationalgericht. „Erfunden" wurde er vermutlich in der Westpfalz im 18. Jahrhundert. Ein erstes handschriftliches Rezept ist aus dem Jahr 1865 überliefert. Über den Ursprung der eigenwilligen Zusammenstellung ist man

Berühmte Gäste im Deidesheimer Hof: Auch Michail Gorbatschow ließ sich die Pfälzer Spezialität schmecken.

sich nicht einig. Sollte damit beim Schlachten von einem Schwein auch noch der letzte Rest verwertet werden oder war der Saumagen vielmehr der Höhepunkt eines jeden Schlachtfestes, für den nur beste Zutaten verwendet wurden? Gesichert scheint nur, dass mit Kartoffeln und unterschiedlichen Gewürzen gefüllt wurde, sowohl beim Reste- als auch beim Festessen.

Wie der Name schon vermuten lässt, benötigt man zur Herstellung einen gereinigten Saumagen, wobei „Sau" schlicht die pfälzische Bezeichnung eines Schweins ist. Nach sorgfältiger Reinigung wird der Saumagen mit Schweinebauch und Kartoffeln sowie den unterschiedlichsten Gewürzen gefüllt. Jeder Metzger oder Küchenchef hat da so sein Geheimrezept. Gut zugebunden darf der Saumagen dann in heißem Wasser gar ziehen.

Von der Weinstube bis zum Sternerestaurant wird der Pfälzer Küchenklassiker in den verschiedensten „gekochten" oder gebratenen Variationen angeboten. Und Rezepte von Pfälzer Spitzenköchen lassen vermuten, dass der Pfälzer Saumagen inzwischen alles andere als eine rein regionale Spezialität ist. Je nach Jahreszeit wird er auch gerne angereichert mit Trüffel und Kastanien, oder zubereitet als Saumagen-Carpaccio.

Die Schifferstädter Karnevalsgesellschaft Schlotte vergibt seit 1992 den Saumagen-Orden an Persönlichkeiten aus Politik, Wirtschaft, Kultur oder Sport, die sich um die Rhein-Neckar-Region verdient gemacht haben. Mit dem ersten Orden wurde natürlich Altbundeskanzler Helmut Kohl ausgezeichnet, aber auch der ehemalige Landesvater Kurt Beck, Fußball-Europameister und

vormals erster Vorsitzender des 1. FC Kaiserslautern Stefan Kuntz oder auch Fernsehkoch Horst Lichter wurden mit diesem Orden schon geehrt. Die Verleihung des Ordens während der Karnevalssaison wird natürlich von einem zünftigen Saumagen-Essen mit Pfälzer Wein begleitet.

Seit 2002 gibt es einen Internationalen Saumagen-Wettbewerb, bei dem alljährlich Profis des Pfälzer Saumagens aus Fleischerfachbetrieben, Gastronomen und Köche dazu aufgefordert sind, eine fachkundige Jury von ihren Produkten zu überzeugen. Es bedarf schon handwerklichen Könnens, Kreativität und natürlich einer gehörigen Portion Leidenschaft, um diesen Wettbewerb zu gewinnen.

DER OTTOMOTOR

Der erste Ottomotor

Unter den richtungsweisenden Erfindungen der industriellen Revolution in Deutschland sticht eine ganz besonders hervor, die die Menschheit wie keine andere vorangebracht hat: der Ottomotor, entwickelt von dem am 14. Juni 1832 in Holzhausen im Taunus geborenen Nicolaus August Otto. Anders als sein „Vornamensvetter" Nikolaus Horch allerdings startete Otto seine Erfinderkarriere erst, nachdem er eine kaufmännische Ausbildung genossen und einige Jahre als Kaufmann gearbeitet hatte. Das entpuppte sich als goldrichtig und war die beste Voraussetzung für seinen auch wirtschaftlichen Erfolg.

Otto wuchs mit fünf Geschwistern als Halbwaise bei seiner älteren Schwester auf, sein Vater starb noch in seinem Geburtsjahr. Er besuchte die Volksschule in Holzhausen an der Haide, wechselte im Alter von 14 Jahren auf die Realschule, die er aber ohne Abschluss nach zwei Jahren wieder verließ. Stattdessen machte er eine dreijährige Kaufmannslehre im nahen Naststätten. In den Folgejahren war er als Handelsreisender eines Kolonialwaren- und Landwirtschaftsgeschäftes

OTTOMOTOR (1867) 31

unterwegs. 1853 zog er zu seinem Bruder nach Köln und arbeitete auch hier weiter als Kaufmann vorerst für unterschiedliche Firmen. Erst 1860 kam Otto das erste Mal mit Ingenieurskunst in Berührung, als er und sein Bruder Wilhelm anfingen, einen neuartigen Gasverbrennungsmotor von dem Franzosen Lenoir weiterzuentwickeln. Otto erkannte das Potenzial der Erfindung und schon im Jahr 1861 beantragten er und sein Bruder ein Patent für einen mit Spiritus betriebenen Motor. Der Antrag wurde abgelehnt.

Zusammen mit dem Kölner Mechaniker Michael Zorn arbeitete Otto weiter an der Maschine. Dank einer kleinen Erbschaft war es ihm möglich, seine berufliche Tätigkeit aufzugeben und fortan mehr Zeit

Montage der Ottomotoren um 1900

für die Entwicklung eines Motors zu haben, der den gesamten Alltag revolutionieren sollte. Sein Plan war ein auf dem Viertaktprinzip – Ansaugen, Verdichten, Verbrennen und Auspuffen – beruhender Motor, der „Ottomotor". Doch bis es soweit war, musste Otto zahlreiche Rückschläge hinnehmen. Darüber hinaus verschlang die Entwicklung viel Geld und deshalb war er gezwungen, immer wieder neue Geldgeber mit ins Boot zu holen. Mit Eugen Langen gründete er schließlich 1864 eine Firma, die Konstruktion und Bau eines Verbrennungsmotors zum Zweck hatte, die weltweit erste Firma überhaupt, die sich ausschließlich mit dem Bau von Motoren beschäftigte. 1867 zur Weltausstellung in Paris konnten Otto und Langen ihre „Atmosphärische Gaskraft-Maschine" präsentieren, die mit einer Goldmedaille ausgezeichnet wurde. Das war der Durchbruch und in der Folge die Nachfrage nach der Gaskraft-Maschine so groß, dass Otto und Langen sie mit ihrer Firma schon bald nicht mehr befriedigen konnte.

Nicolaus
August Otto

Eine Expansion aber erforderte wiederum neue Geldgeber und so kam als dritter Partner Ludwig August Roosen-Runge dazu. Aufgrund der unterschiedlichen Gewichtung der Anteile an der neuen Firma, Otto hatte nicht genug Vermögen, um einen entsprechend großen Anteil zu erwerben, kam es bald zu erheblichen Unstimmigkeiten, Roosen-Runge verließ das Unternehmen, eine Reihe neuer Investoren kam hinzu. 1872 wurde die „Gasmotoren-Fabrik Deutz AG" gegründet, in der Otto die Position des kaufmännischen Direktors übernahm, technischer Direktor wurde Gottlieb Daimler und Wilhelm Maybach Leiter des Konstruktionsbüros. Das Unternehmen florierte, die Aktionäre wurden reich. Doch Otto war mit seiner Position als nur Kaufmann alles andere als glücklich, denn nicht zuletzt durch Daimlers selbstherrliche Art war Otto von der weiteren Motorenentwicklung nahezu ausgeschlossen. Erst als der Konkurrenzdruck auf das Unternehmen zunahm, konnte Otto seine ursprüngliche Viertaktmotor-Idee wieder aufgreifen und schließlich auch umsetzen. 1877 wurde das Patent für den „Ottomotor" erteilt, der als der „neue Ottomotor" auch mit größtem Erfolg für das Unternehmen vermarktet wurde.

Immer wieder wurde die Firma aber in Patentstreitigkeiten verwickelt, die zum Teil über viele Jahre dauerten und Otto offenbar enorm zusetzten. Es dürften die Zweifel an seiner Urheberschaft gewesen sein, die ihn persönlich so sehr belasteten, dass er im Januar 1886 einem Herzleiden erlag. Er hinterließ seine Ehefrau Anna Gossi, eine Tochter aus gutem Haus, die er im Februar 1858 während des Karnevals in Köln kennengelernt hatte. Gut zehn Jahre und mehr als hundert Briefe lang musste Anna warten, bis ihr Nicolaus August Otto vor Gott und der Welt schließlich das Ja-Wort gab. Von den drei Söhnen und vier Töchtern, die aus dieser Ehe hervorgingen, erreichten drei Kinder das Erwachsenenalter nicht. Der jüngste Sohn Gustav trat in die unternehmerorientierten Fußstapfen seines Vaters und gründete 1909 die „Gustav-Otto-Flugmaschinenwerke".

DER BRANDTAUCHER

Wilhelm Bauer

Christian Dingler

Zweibrücken und U-Boot, zwei Dinge, die auf den ersten Blick so gar nichts miteinander zu tun haben können. Aber eben nur auf den ersten Blick, denn der Erfinder des ersten U-Bootes, Wilhelm Bauer, fand in Christian Dingler, dem Gründer der Zweibrücker Dingler-Werke, zumindest vorübergehend einen interessierten Mitstreiter. Und so kam es, dass Wilhelm Bauer sein U-Boot-Projekt im Jahre 1867 in einer der modernsten Eisengießereien und

1887 wurde das Wrack von Wilhelm Bauers „Brandtaucher"
aus dem Kiefer Hafenbecken gehoben.

Kesselschmieden mit hoch qualifiziertem Personal und natürlich dem nötigen Kleingeld in Zweibrücken vorantreiben konnte.

Während des militärischen Konfliktes zwischen Dänemark und Deutschland um die nationale Zugehörigkeit des Herzogtums Schleswig im Jahr 1849 soll Wilhelm Bauer, der damals in der 10. Feldbatterie diente, die Idee zu einem Unterwassergefährt entwickelt haben, mit dem man sich unbemerkt feindlichen Kriegsschiffen nähern konnte. In der Schleswig-Holsteinischen Armee fand er die erforderliche Unterstützung und so konnte am 1. Februar 1851 der erste Prototyp des „Brandtauchers" zu Wasser gelassen werden. Der Tauchversuch scheiterte, von Anfang an konnte sich der Brandtaucher nicht in horizontaler Lage halten, die Außenwände hielten dem Wasserdruck nicht stand, der Vorläufer des U-Boots sank auf den Grund des 13 Meter tiefen Hafenbeckens von Kiel. Fast wäre dieses Unglück auch gleich das Ende von Bauer und seinen Konstrukteuren gewesen. Sie warteten in ihren Tauchglocken bis zum Druckausgleich durch das eindringende

Wasser und konnten dann die Luke öffnen. Eine Untersuchung bestätigte später, dass nicht Bauers Konzept fehlerhaft, sondern bei der Ausführung an Material gespart worden war. Mit den aus dem missglückten Versuch gewonnenen Erfahrungen ging Bauer nach München und begann mit der Planung eines verbesserten Modells. Finanzielle Unterstützung kam aus Russland, doch auch das zweite Modell, die „Seeteufel", versank. Bauer musste nicht nur neue Geldgeber, sondern vor allen Dingen auch eine für den Bau eines U-Bootes geeignete Werkstatt finden.

Der Ixheimer Fabrikant Georg Adolph Schwinn verschaffte ihm schließlich ein Vorstellungsgespräch bei Christian Dingler in Zweibrücken, dessen 1827 gegründetes Stahlbauunternehmen zu den bedeutendsten dieser Zeit zählte. Dingler und seine Arbeiter waren die Fachleute, die Bauer so dringend suchte. Allerdings war Christian Dingler nicht gleich angetan vom U-Bootbau. Schwinn musste seine ganze Überzeugungskraft aufbieten. Es gelang und so machte sich Bauer 1867 an den Bau des ersten Dingler-Bauer-U-Bootes in Zweibrücken. Nun wurde die Firmenleitung und deren Aktionäre auf eine harte Geduldsprobe gestellt, Bauer änderte die Pläne ein ums andere Mal und zog die Fertigstellung damit arg in die Länge. Schließlich strich Dingler Bauer die Mittel und der zog 1868, gerade einmal neun Monate nach Beginn seiner Zweibrücker Zeit, zurück in seine Münchener Heimat. Bauer baute kein weiteres U-Boot mehr. Erst 30 Jahre nach seinem Tod am 20. Juni 1875 lief das erste vollständig manövrierfähige U-Boot vom Stapel.

Wesentlich erfolgreicher gestaltete sich die Entwicklung der Dingler-Werke auch ohne U-Bootbau. Gegründet als mechanische Werkstätte baute Christian Dingler mit zehn Arbeitern Öl- und Schneidemühlen, ab 1834 Buchdruckerpressen, Dingler entwickelte die sogenannte „Zweibrücker Presse", eine Kniehebel-Presse, die in die Geschichte der Buchdruckerkunst einging, diese auch als „Dinglerpresse" bekannte Maschine war führend in Europa und Grundlage des wirtschaftlichen Aufstiegs des Unternehmens. 1838 wurde der Betrieb um eine Eisen- und Metallgießerei erweitert und eine eigene Dampfmaschinen-Anlage angeschafft, ab 1843 wurden auch Dampfmaschinen gebaut, wiederum mit sehr viel Erfolg, bis 1927 summiert sich die Zahl der in Zweibrücken gebauten Dampfmaschinen auf über 3.300. Unter der technischen Leitung von Professor L. Seelinger von der Polytechnischen Schule in Augsburg wurde die Schmiede mit einem Schweißofen erweitert und mit der Herstellung von Wasserrädern und Turbinen begonnen. Ab 1890 stellten die Dingler-Werke schließlich Hubgeräte für Berg- und Stahlwerke her. Und mit wirklich Großem beschäftigt sich das Unternehmen, das inzwischen zu Terex Cranes Germany gehört, noch immer: Es entwickelt und baut Spezialkräne etwa zum Aufstellen von Windkraftanlagen.

Die Sache mit dem U-Boot kam noch einmal zu den Dingler-Werken zurück: Während des Zweiten

Ein Modell des Brandtauchers steht noch heute in Zweibrücken.

Weltkrieges wurde das Unternehmen zur Fertigung von U-Boot-Teilen in den Harz verlegt. Und noch heute erinnert ein Modell des von Wilhelm Bauer entwickelten Brandtauchers an die enge Verbundenheit der Stadt mit der Entwicklung des U-Bootes in Deutschland.

Jeans müssen einfach blau sein

DER SYNTHETISCHE INDIGO-FARBSTOFF

Ohne geht nicht – die Jeans in indigoblau findet sich garantiert in jedem Kleiderschrank.

Als Levi Strauss zusammen mit seinem Partner, dem Schneider Jacob Davis, 1872 die berühmteste aller „Arbeitshosen" zum Patent anmeldete, da war sie noch aus braunem Segeltuch, robust und bequem, wie sie die Goldgräber in den USA benötigten. Schon bald wurde Segeltuch durch Baumwolle ersetzt und mit Indigoblau ein- gefärbt, fertig war die Bluejeans, die einen wahren Siegeszug rund um den Globus antrat. Sie kam bekanntlich nie aus der Mode und gehört noch heute zu den beliebtesten Kleidungsstücken schlechthin. Nicht zuletzt auch, weil es der BASF in Ludwigshafen am Rhein gelang, das erste großtechnische Verfahren zur synthetischen Herstellung des Indigo-Farbstoffes zu entwickeln. Wer weiß, wie viel die klassische Jeans an Attraktivität verloren hätte, wenn die typisch dunkelblaue Farbe nur durch den langwierigen Prozess des Färbens mit natürlichem Indigo hätte erzielt werden können?

Das Färben mit Indigo war bereits seit der Antike bekannt. Indigo ließ sich aus der indischen Indigopflanze und aus „Färberwaid", einer in Mitteleuropa vorkommenden Pflanze, gewinnen. Die Verfahren waren aufwendig und die Ausbeute gering. Das Färben mit der „Färberpflanze", wie Waid genannt wurde, erforderte neben Sonnenschein viel Geduld. Die Blätter standen in Bottichen mit Flüssigkeit bedeckt tagelang in der Sonne. Um die Gärung zu verstärken, wurde der Mischung Alkohol zugefügt, den die Färber indes nicht nur in die Kübel gossen. Neben dem Umrühren der stinkenden Brühe hatten die Färbergesellen nicht viel zu tun. Wenn sie also betrunken in der Sonne lagen und auf das Ergebnis ihrer Arbeit warteten, wusste jeder, es wurde blau gefärbt, die Färber waren blau und machten blau. Auch der Begriff „blauer Montag" könnte durchaus seinen Ursprung in dieser für jene Zeit doch eher angenehmen Tätigkeit gehabt haben.

1876 gelang es dem Chemiker Heinrich Caro einen rein blau färbenden Farbstoff für Baumwolle synthetisch herzustellen, das „Methylenblau", für das die BASF 1877 das Patent erhielt. Der Farbstoff kam indes nicht nur in der Textilindustrie zum Einsatz, sondern verhalf auch der Medizin zu Fortschritten, so konnte man mit Methylenblau erstmals den Tuberkelbazillus sichtbar machen. 1880 schließlich gelang Adolf von Baeyer die Synthese des schon damals sehr bedeutenden Naturfarbstoffes Indigo. Die BASF erwarb das Patent und arbeitete an der Entwicklung eines großtechnischen Verfahrens, lange Jahre ohne Erfolg. Erst 1890 entdeckte Karl Heumann aus Zürich einen Syntheseweg, die Ausbeute blieb indes gering, bis 1897 endlich ein kommerziell erfolgreiches Verfahren zur Herstellung des synthetischen Indigos gelang. Im Jahr 1901 bekam Indigo übrigens eine echte Konkurrenz aus dem eigenen Hause BASF, als René Bohn mit Indanthren den ersten waschechten blauen Farbstoff synthetisierte. Schon 1904 entwickelte die BASF dann ein sehr viel einfacheres Verfahren, das die mühsame Gewinnung aus dem Pflanzenstoff vollständig verdrängte.

Und so kann es nicht verwundern, dass die Jeans in indigoblau nach 145 Jahren noch immer top „modern" ist! Kein anderes Kleidungsstück hat es geschafft weltweit so bekannt und beliebt zu sein, wie die robuste, mit Nähten und Nieten verzierte indigoblaue Hose, die schon lange so viel mehr ist als nur eine Arbeitshose.

Das Herz der BASF-Gruppe ist die BASF SE mit ihrem Stammwerk in Ludwigshafen am Rhein.

DER KLAPPMETER

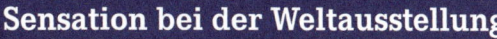

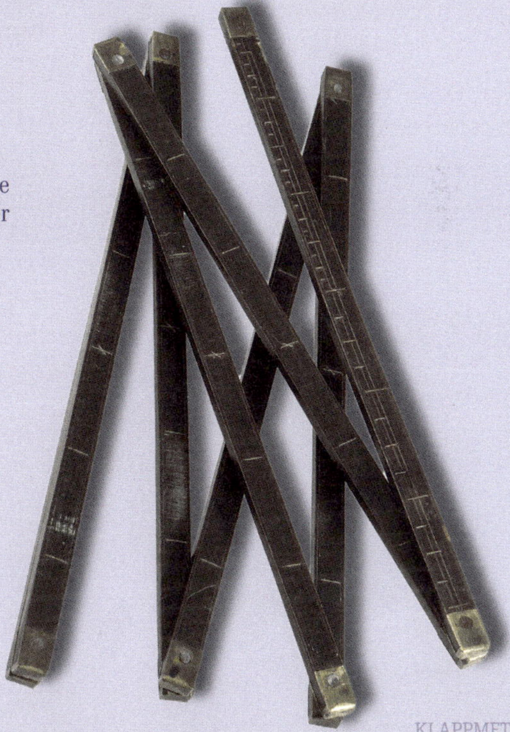

Der historische
Klappmeter

Egal ob Profi oder Hobbybastler, ohne den zusammenklappbaren Zollstock kommt auch heute noch, im Zeitalter digitaler Messhilfen, kein Handwerker aus. Zu praktisch ist der meist zwei Meter lange Messstab aus Holz oder Kunststoff, der dank einrastender Federgelenke in eine handliche Größe eingeklappt werden kann und

KLAPPMETER (1886) 41

eben auch ganz einfaches Messen in der Vertikalen ermöglicht. In dieser Form erfunden haben ihn die Brüder Anton und Franz Ullrich aus Maikammer an der Weinstraße. Bereits 1865 hatte Anton Ullrich mit der Fertigung von Gelenkmaßstäben begonnen. Er entwickelte in den folgenden Jahren ein Maßstabgelenk, das die einzelnen Messlatten so zusammenhalten sollte, dass sie auch in voller Länge ausgeklappt starr gehalten werden konnten. 1886 meldeten die Brüder den „Gelenkmaßstab mit Federsperrung" zum Patent an. Und drei Jahre später, 1889, war der revolutionäre Klappmeter die Sensation bei der Weltausstellung in Paris, jenem historischen Ereignis, zu dem der Eiffelturm erbaut worden war.

Anton Ullrich

Franz Ullrich

Im selben Jahr gründete Gustav Ullrich, ein Neffe des Erfinders, die „Meterfabrik", ein Unternehmen zur Herstellung der Klappmeter, das noch heute unter dem Namen „Stabila" in Annweiler am Trifels fortbesteht. Ein historischer Gelenkmaßstab und die Patentschrift von 1886 liegen noch im Safe des Unternehmens, das bis heute in Familienbesitz ist. Nach wie vor stellt das Unternehmen Messwerkzeuge her, neben Maßstäben und Bandmaßen auch Wasserwagen und Lasermessgeräte. Und auch der Weg in die Zukunft ist bereits gesichert, moderne Laser-Messtechnologie bildet bereits heute einen maßgeblichen Zweig des Unternehmens. Weltweit arbeiten rund 500 Mitarbeiter in 70 Ländern für das Unternehmen, in vielen Ländern ist Stabila Marktführer und anerkannter Messgeräte-Spezialist.

Vor dem historischen Gelenkmaßstab hat die Entwicklung natürlich nicht Halt gemacht, auch wenn er sich noch heute optisch kaum von den Anfängen unterscheidet. Es gibt inzwischen verschiedene Gelenkkonstruktionen und auch Maßstabvarianten, die sich zum Beispiel in Gliederstärke, Druckverfahren, Gelenkmaterial und -konstruktion unterscheiden. Auch Lättchen aus Kunststoff sind im Sortiment. Holzmaßstäbe allerdings sind nach wie vor aus Buchenholz, sorgfältig gelagert, mehrfach getrocknet und geschnitten.

Nicht nur Tüftlertalent, sondern auch Unternehmergeist brachten die Ullrichs quasi mit auf die Welt. Der Vater von Anton und Franz, Leonhard Ullrich, betrieb einen Landhandel, die Mutter einen Kolonialwarenladen. Anton übernahm den väterlichen Handel und begann im Hause seiner Schwiegereltern in Maikammer mit der Herstellung seiner Gelenkmaßstäbe. Bruder Franz stieg in das Unternehmen ein, das Angebot wurde auf Produkte ausgeweitet, die man damals brauchte, Pferdestriegel zum Beispiel. 1869 wurde die erste Fabrikhalle gebaut, in der später sogenanntes Schwarzblechgeschirr produziert wurde. Weiter ging es mit emailliertem Kochgeschirr und so kam denn auch die größte Kaffeekanne der Welt schließlich aus den Ullrich'schen Werken in Maikammer. Während all dieser Jahre tüftelte Anton weiter an seinem Klappmeter, bis er es

1886 endlich geschafft hatte. Bei der Weltausstellung in Paris war der Klappmeter neben dem „Chapeau Claque", dem ausklappbaren Zylinder, der Verkaufsschlager schlechthin. Ein Verkaufsschlager ist der Zollstock bis heute geblieben – mehr als 130 Jahre nach seiner Entwicklung.

Die Bezeichnung „Zollstock" hatte ursprünglich nichts mit der Skalierung zu tun. Vielmehr leitet sich „Zoll" hier vom mittelhochdeutschen Wort „Zol" ab und bezeichnet ganz einfach ein abgeschnittenes Stück Holz. Mit eben diesem Stück Holz wurde früher „ausgemessen". Als Maßstab diente etwa der Daumen oder der Fuß. Ein Zoll entsprach der Breite des Daumens oder dem zwölften Teil des Fußes.

In Maikammer steht die Plastik „Klappmeter" als Wahrzeichen des Ortes.

Das Holzstück wurde in zwölf Abschnitte aufgeteilt und schon hatte man einen „Zollstock". Erst später wurden genaue Maßeinheiten eingeführt und festgelegt, dass ein Zoll exakt 2,54 Zentimeter sind. Heute hat ein Zoll im europäischen Raum keine relevante Bedeutung mehr, gemessen wird in Zentimetern oder eben Metern. Und darum heißt ein Zollstock heute nicht mehr Zollstock, sondern offiziell „Gliedermaßstab", nur kennt ihn kaum einer unter dieser

Bezeichnung. Was ein Zollstock, ein Metermaß oder ein Klappmeter ist, weiß dagegen jeder. Denn noch immer haben die allermeisten europäischen Handwerker einen Zollstock in der Arbeitshose, statt auf digitale Messinstrumente zurückzugreifen. Er ist einfach praktischer und schneller bei der Hand, als jedes andere moderne Messinstrument.

Maikammer an der Weinstraße hat den berühmten Brüdern Anton und Franz Ullrich inzwischen ein Denkmal gesetzt. Zu den Kulturtagen Südliche Weinstraße im Jahre 2000 schufen die Künstler Lucie Wegmann und Daniel Moriz Lehr die Plastik „Klappmeter", die heute am südlichen Ortseingang von Maikammer steht und als Wahrzeichen des Ortes dient.

DAS WAGNER-GETRIEBE

Sekretärin an der Schreibmaschine, 1938

Er erfand eine Nähmaschine, eine Wasseruhr und später einige Verbesserungen für die noch äußerst komplizierte Schreibmaschine: Franz Xaver Wagner war der wohl genialste Mechaniker seiner Zeit. Bis in die 1970-Jahre blieben seine Erfindungen für mechanische Schreibmaschinen technischer Standard.

Franz Xaver Wagner wurde am 20. Mai 1837 in Heimbach bei Neuwied geboren. Beide Elternteile verlor er früh und doch schaffte er es, mit 18 Jahren seine Gesellenprüfung als Mechaniker abzulegen. Wie in der damaligen Zeit üblich ging er im Anschluss erst einmal auf Wanderschaft, um seine Kenntnisse zu vertiefen. Dabei soll er in Stuttgart eine Nähmaschine gebaut und verkauft haben. 1864 zog es ihn in die neue Welt, er wanderte nach Amerika aus und entwickelte dort einen „Wasserdurchsatzmesser". Besonders angetan hatte es ihm aber die so komplizierte Schreibmaschine. Er richtete sich eine Werkstatt ein und erfand zusammen mit seinem Sohn das „Wagnergetriebe", eine Konstruktion, die die Kraft der angeschlagenen Tasten über Hebel und Zugstangen auf die Typenhebel übertrug und die Type schließlich um 90 Grad gedreht auf die Schreibwalze schlug. So wurde der Blick frei auf das Getippte, der Typenhebel schlug nicht mehr direkt von unten oder vertikal auf die Schreibwalze auf, was naturgemäß die Sicht auf das Geschriebene versperrte. Damit aber nicht genug. Von Wagner stammten auch die Zeilenschaltung mit Schrittvorwahl, die automatische Tastenwiederholung und der Zeilenrichter, Erfindungen, die ein Jahrhundert überdauerten und bei mechanischen Schreibmaschinen mit Typenhebel zum Standard gehörten. Für die meisten Erfindungen hatte Wagner ein Patent. Als er 1898 jedoch finanzielle Probleme bekam, verkaufte er seine wertvollen Patente an John T. Underwood, der sehr erfolgreich Schreibmaschinen mit Wagners Erfindungen baute und verkaufte. Alle erfolgreichen mechanischen Schreibmaschinenmodelle wurden bis in die 1970er-Jahre nach Wagners System gebaut.

1904 war Wagner noch einmal in seiner Heimat, er starb am 8. März 1907 in New York. Seine bahnbrechenden Erfindungen haben ihm weder Ruhm noch

Underwood baute Schreibmaschinen mit Franz Xaver Wagners Erfindungen.

Reichtum gebracht. Obwohl er mit seiner Ehefrau Sophia fünf Kinder hatte, lassen sich keine Nachfahren feststellen. Es ist nicht einmal bekannt, wo sich sein Grab befindet. In seiner Geburtsstadt erinnert inzwischen eine Tafel an seinem Geburtshaus an den berühmten Sohn und das Landesmuseum Koblenz baut eine Sammlung auf, die sich mit der Entwicklung der Schreibmaschine als technisches Gerät beschäftigt.

FISSLERS KOCHTÖPFE

Mehr als 170 Jahre ist es her, seit Carl Philipp Fissler 1845 den Grundstein für den Premiumkochgeschirrhersteller Fissler in Idar-Oberstein legte. Kreativität und Innovation waren die Garanten für den Erfolg, der bis heute ungebrochen anhält. Henkelmann, Gulaschkanone, eine bahnbrechende Weiterentwicklung des Dampfkochtopfes und die erste beschichtete Bratpfanne stehen auf der Liste der genialen Erfindungen des rheinland-pfälzischen Unternehmens, das heute weltweit agiert, aber noch immer neunzig Prozent seiner Produkte in Deutschland herstellt.

Der Erfolg des Unternehmens begann zwanzig Jahre nach der Firmengründung. Carl Philipp Fisslers Sohn Carl-Rudolf machte aus dem Handwerksbetrieb, der Wetterhähne und Dachrinnen herstellte, eine Metallwarenfabrik mit maschineller Fertigung von Wasserbechern, Kannen und Krügen.

Carl Philipp Fissler legte den Grundstein für das Unternehmen mit Weltruf.

Der berühmte Dampfkochtopf mit dem roten Deckel fehlte in keiner Küche.

Im deutsch-französischen Krieg 1870/71 belieferte die Firma das Heer mit Trinkbechern und schon bald darauf mit dem „Henkelmann", einem doppelwandigen Isolierbehälter, der das Essen länger warm hielt oder bei weiteren Transportwegen ohne Umfüllen im Wasserbad aufgewärmt werden konnte. Ein erster Schritt, um den Soldaten die zeitaufwendige Zubereitung ihrer individuellen Mahlzeiten abzunehmen. Sie sollten schließlich kämpfen, nicht kochen. Vor der Erfindung der mobilen Feldküche aber war es tatsächlich noch so, dass die Soldaten gut zwei Stunden am Tag mit der Zubereitung ihrer Nahrung zu tun hatten. Weite Verbreitung erfuhr der Henkelmann auch bei den Arbeitern, zum Beispiel den Edelsteinschleifern der Region, die damit ihr zu Hause zubereitetes Essen zum Arbeitsplatz mitnehmen konnten.

Vielleicht waren es diese Erfahrungen mit dem Militär, die Carl-Rudolf Fissler und Sartorius Rheinhold dazu brachten, eine fahrbare Feldküche zu entwickeln. 1892 meldeten sie ein Patent für die bis heute als „Gulaschkanone" bekannte fahrbare Feldküche an. Auf einem Fahrzeug wurden ein oder auch mehrere Kessel samt einer Feuerstelle integriert. An diesem „Feldkochherd" wurden die Speisen zentral zubereitet und konnten auch während der Fahrt warm gehalten werden. Die geniale Erfindung fand rasch Verbreitung nicht nur beim Militär, sondern auch zur Versorgung der Bevölkerung in Notzeiten. Noch heute sind moderne Versionen der Gulaschkanonen im Einsatz, wenn es darum geht, größere Menschenmengen zu verköstigen. Die Gulaschkanone brachte indes nicht den wirtschaftlichen Erfolg, den man hätte erwarten können, Fissler hatte schließlich das Patent darauf. Nur interessierte das damals das Militär nicht im Geringsten, es wurde nachgebaut, was man für notwendig hielt, den Begriff Produktpiraterie gab es schließlich noch nicht.

Doch Fissler war zu der Zeit schon breit aufgestellt, hatte bereits 1885 eine Dampfmaschine angeschafft, die erste, die im Idarbachtal in Betrieb genommen wurde, und konnte dank der dadurch erreichten Arbeitserleichterung beim Metalldrücken weitere Patente anmelden für Bierabfüllautomaten, Schnellbräter und Isolierlampenschirme, um nur einige zu nennen.

Im Jahr 1953 trat dann der Schnellkochtopf mit dem roten Deckel seinen Siegeszug um die Welt an. Erfunden wurde der Dampfdruckkochtopf bereits 1679 von dem Franzosen Denis Papin. Allerdings war das Gerät eher ein unberechenbarer Vulkan, der völlig unkontrolliert sehr gefährlich heißen Dampf abließ. Bei seiner ersten Vorführung soll der

Mit dem „Henkelmann" konnten Soldaten und Arbeiter auch unterwegs ein warmes Essen bekommen.

„Papinsche Topf" sogar zerplatzt sein. Erst nach dem Papin auch das Sicherheitsventil erfunden hatte, funktionierte das Kochen unter Dampf. Fissler entwickelte den ersten Schnellkochtopf mit einem patentierten, mehrstufigen Kochventil. Dieser Schnellkochtopf ist noch heute der Renner unter den Fissler-Produkten und gerade in China besonders beliebt. Hier bevorzugt man

Eine Dampf-
maschine
erleichterte die
Arbeit in der
Drückerei
erheblich.

DRÜCKEREI

Qualitätsprodukte „Made in Germany", selbst wenn sie teurer sind. Kein
Wunder also, dass Edelkochgeschirr aus dem Hause Fissler regelmäßig die
Metalldetektoren in den Flughäfen auslöst, wenn asiatische Touristen ihre
Heimreise antreten.

Die Liste der genialen Erfindungen von Fissler in Idar-Oberstein lässt sich
beliebig fortsetzen: 1956 wurde die erste Pfanne mit Antihaft-Beschichtung
ausgestattet, aus neuerer Zeit sind der Allherdboden, der erste Edelstahltopf

mit Kaltmetallgriffen oder die
innovative Pfanne mit einer
neuartigen Antihaftversiegelung,
die durch Farbänderung in der
Innenfläche die ideale Brattempe-
ratur anzeigt, zu nennen. Auch der
Weg in die Zukunft ist bereits
geebnet: Der digitale Kochassistent
mit dazugehöriger App verbindet
den Schnellkochtopf mit mobiler
Kommunikation.

Das Unternehmen beschäftigt
heute rund 800 Mitarbeiter und ist
in über 80 Ländern der Erde
vertreten. Inzwischen wird das
Familienunternehmen bereits in
fünfter Generation geführt. Fissler
gehört zu den Top 50 deutscher
Luxusunternehmen und ist unter
den Top 100 der innovativsten
Unternehmen im deutschen
Mittelstand zu finden.

Mit Milchsäure zum Erfolg–

DIE BIOTECHNISCHE HERSTELLUNG

Albert Boehringer (1861–1939)

Den Nutzen der Milchsäure zur Haltbarmachung von Lebensmitteln kennt die Menschheit vermutlich schon seit Jahrtausenden. Doch das „Zwischenprodukt im Stoffwechsel" kann noch so viel mehr. Milchsäure wirkt antibakteriell und wird deshalb auch in Reinigungsmitteln eingesetzt, sie ist feuchtigkeitsspendend, was ihre Bedeutung für die Kosmetik umschreibt, sie kann zum Färben von Textilien und Gerben von Leder verwendet werden, um nur einige Beispiele zu nennen. Es gibt kaum einen Lebensbereich, in der Milchsäure nicht ihre positiven Eigenschaften einbringen kann. Nur wie stellt man Milchsäure in den dafür erforderlichen Mengen her? Das biotechnische Verfahren fand Albert Boehringer eher zufällig: bei Versuchen, Zitronensäure herzustellen, entstand durch unerwünschte Gärung Milchsäure. Boehringer brach den Versuch nicht ab, sondern forschte weiter und war am Ende ein Pionier der „biotechnischen" Herstellung in industriellem Maßstab. Der Grundstein für den Erfolg des Pharmaunternehmens Boehringer Ingelheim war gelegt.

1885 erwarb Albert Boehringer, geboren 1861 in Stuttgart, eine kleine Weinsteinfabrik in Nieder-Ingelheim in Rheinhessen. Mit 28 Mitarbeitern produzierte er in seiner „chemischen Fabrik" Weinsäure für Apotheken und Färbereien. Als Brauselimonade und Backpulver den Markt eroberten, wuchs die Firma rasant. 1893 schließlich gelang Albert Boehringer die bahnbrechende Entdeckung, dass man Milchsäure mithilfe von Bakterien herstellen konnte, 1895 begann nach dem daraus entwickelten Verfahren die Produktion in großen Mengen. Das Unternehmen avancierte daraufhin schnell zum Marktführer, Leder-, Textil- und Lebensmittelindustrie brauchten Nachschub.

Albert Boehringer war ein Schwabe mit Leib und Seele und genauso soll er auch sein Unternehmen geführt haben. Er schätzte die typisch deutschen Tugenden Pünktlichkeit, Pflichtbewusstsein, Zuverlässigkeit und natürlich Sparsamkeit und er ging in seinem Unternehmen selbst mit bestem Beispiel voran. Wer gegen diese Grundprinzipien verstieß, musste mit Strafe rechnen, dafür gab es eigens Straf- und Bußgeldlisten. Dafür belohnte Boehringer seine Angestellten aber auch mit allerlei sozialen Zugaben, er führte eine Betriebskrankenkasse ein, baute Werkswohnungen, gab eine Mittagsmahlzeit aus und bezahlte sogar Urlaubsgeld – dafür erwartete der Chef allerdings eine Postkarte vom Urlaubsort. Nach 20-jähriger Betriebszugehörigkeit gab es eine betriebliche Altersversorgung und mit einem Fonds wurden gebrechliche Arbeiter unterstützt.

Als Albert Boehringer 1939 starb, war die Belegschaft auf 1500 Mitarbeiter angewachsen. Seine beiden Söhne Albert Junior und Ernst übernahmen

Das industrielle Herstellverfahren für Milchsäure mit Hilfe von Bakterien ersetzt ab 1895 die mühsame Kleinproduktion in Apotheken.

zusammen mit Schwager Julius Liebrecht das Unternehmen. Bereits 1917 war eine Wissenschaftliche Abteilung gegründet worden, die umfangreiche Forschungstätigkeiten aufnahm und das Unternehmen im Säure-, Alkaloide- und Pharmasektor ganz nach vorne brachte. Nach mehr als 130 Jahren ist Boehringer Ingelheim noch immer in Familienbesitz und zählt zu den zwanzig führenden Unternehmen in den drei Geschäftsbereichen Humanpharmazeutika, Tiergesundheit und biopharmazeutische Auftragsproduktion mit weltweit 50 000 Mitarbeitern. Im Jahre 2016 erzielte das Unternehmen 15,9 Milliarden Euro Umsatz, wovon drei Milliarden in Forschung und Entwicklung flossen.

Nicht unerwähnt bleiben kann natürlich, dass Boehringer Ingelheim leider auch für den größten Umweltskandal in Deutschland sorgte. 1984 musste

Die Firmenzentrale von Boehringer Ingelheim

Die Forschung nimmt nach wie vor einen großen Stellenwert ein.

die Fabrik am Standort Hamburg geschlossen werden, nachdem es bei der Pestizidproduktion zu Dioxinbelastungen des Bodens gekommen war. Trotz umfangreicher Sanierungsmaßnahmen blieb am Ende nur die Abtrennung des Geländes durch metertiefe Spundwände. Das Unternehmen ist sich aber seiner gesamtgesellschaftlichen Verantwortung bewusst und unterhält mehrere Stiftungen, die unter anderem die Forschungseinrichtungen der Johannes-Gutenberg-Universität Mainz fördern.

DIE MARKE ERDAL

Anfangsjahre: Neu waren die Schuhcreme und der geniale Öffnungsmechanismus.

Mit zunehmender Elektrifizierung Mitte des 19. Jahrhunderts schrumpften naturgemäß die Absatzmärkte für Wachsziehereien, bis dahin ein jahrhundertealtes Traditionshandwerk. Das traf auch die 1867 von Georg und Friedrich-Christoph Werner in Mainz gegründete Wachswaren- und Siegellackfabrikation. Neue Produkte mussten her und die fand das Unternehmerduo zusammen

Der Froschturm ist noch heute Wahrzeichen der Firma Werner und Mertz in Mainz.

mit dem im Jahre 1878 hinzugekommenen Teilhaber Georg Mertz in der Entwicklung und Herstellung eines revolutionären Schuhpflegemittels. Denn Schuhe wurden damals noch mit einer Mischung aus Schwefel, Ruß, Sirup, Melasse und Wasser behandelt, die das Leder zwar glänzen ließ, es auf Dauer aber zerstörte und, wie man sich leicht vorstellen kann, unschöne Spuren an der Kleidung des jeweiligen Schuhputzers hinterließ. Am 28. September 1901 war es geschafft: Die Firma Werner und Mertz meldete eine neuartige Schuhcreme auf Wachsbasis in einer markanten Metalldose zum Patent an. Geboren war die Marke Erdal, die Schuhpflege mit dem Frosch als Markenzeichen.

Der Ursprung des Markennamens „Erdal" liegt in der damaligen Adresse des Unternehmens in der Erthalstraße, in Mainzer Mundart klingt das wie „Erdal". Und darum gingen die Arbeiter der Firma auch schlicht „bei de Erdal schaffe". Der Frosch kam 1903 auf die Dose. Wasserfest ist das Tier bekanntlich, ideal für das neue Schuhpflegemittel. Und weil man damals gerne Märchenfiguren als Firmenlogos wählte, bekam der Frosch eine Krone, dem Froschkönig gleich. Im selben Jahr kam eine weitere geniale Neuerung dazu: Erdal erfand den Kipphebel, der das Öffnen der handlichen Metalldose ganz einfach machte.

Einfach war der Weg zum Erfolgsunternehmen mit heute 150-jähriger Tradition für Werner und Mertz indes gewiss nicht. Immer wieder gab es Brände, die die Produktionsstätten jeweils mehr oder weniger komplett vernichteten. 1886 brannte die Fabrik in der Mittleren Bleiche, 1908 vernichtete ein Großbrand Fabrik- und Wohngebäude in der Erthalstraße, im gleichen

Dem Standort Mainz verbunden: die Marke mit dem Frosch

Jahr wurde ein neues Fabrikgebäude in der Ingelheimer Aue bezogen, 1917 brannte es erneut, 1918 konnte die Produktion in einem Neubau an gleicher Stelle wieder aufgenommen werden. Damals wurde auch der sogenannte „Froschturm" errichtet, ein monumentaler Frosch, der hoch oben auf einem Turm als weithin sichtbares Wahrzeichen des Unternehmens thront. 1944 fielen große Teile des Werks dem Bombenhagel des Zweiten Weltkriegs zum Opfer, der Turm blieb aber erhalten. Er gehört damit zu den ältesten Leuchtreklameanlagen dieser Art in Europa, die noch immer funktionieren.

Die wechselvolle Geschichte belegt nicht nur eine anhaltende enorme Erneuerungskraft des Unternehmens, sondern auch seine tiefe Verbundenheit mit dem Standort Mainz. Die rheinland-pfälzische Landeshauptstadt ist noch heute Stammsitz des Unternehmens, ein weiterer Produktionsstandort wurde bereits 1953 in Hallein bei Salzburg errichtet. Beachtlich ist auch die Tatsache, dass sich Werner und Mertz als Mittelständler neben den großen Reinigungsmittelherstellern am Markt etablieren konnte, nicht zuletzt durch seine konsequente Ausrichtung auf Umweltschutz und Nachhaltigkeit. Das gilt nicht nur für die unter dem Markenzeichen des grünen Frosches produzierten

Reinigungsmittel, sondern ganz besonders auch für das Unternehmen selbst. So wurde 2010 die neue Hauptverwaltung eingeweiht, die mit Windkraft, Fotovoltaik und Geothermie mehr Energie erzeugt, als sie für den Betrieb benötigt. Dafür gab es nicht nur den rheinland-pfälzischen Umweltpreis, sondern auch den Deutschen Nachhaltigkeitspreis in der Kategorie „Deutschlands nachhaltigste Marke". Und im Jahr 2017 gewannt die Marke Frosch bereits zum 16. Mal in Folge den „Most trusted Brand" als die vertrauenswürdigste Marke unter den Haushaltsreinigern. Erklärtes Unternehmensziel ist es, Rohstoffe, Rezepturen und Verpackungskomponenten so zu optimieren, dass sie den hohen Nachhaltigkeitsansprüchen genügen. So erhielt das Unternehmen im Jahr 2016 auch den Deutschen Verpackungspreis in der Kategorie Nachhaltigkeit und den Verpackungspreis in Gold für seine innovativen Flaschen aus hundert Prozent Recyclingkunststoff aus der Quelle „Gelber Sack".

Heute arbeiten knapp 1000 Mitarbeiterinnen und Mitarbeiter bei Werner und Mertz am Hauptstandort Mainz, wo Wasch-, Putz- und Reinigungsmittel und im österreichischen Hallein wo Kleinserien und Spezialprodukte hergestellt werden. An beiden nach strengsten EMAS Umweltkriterien validierten Standorten stehen modernste Anlagen zur Verfügung. Produziert wird für Europa und seit 2011 auch für den japanischen Markt. „Dort kennen bereits rund die Hälfte der Verbraucherinnen und Verbraucher unsere Marke Frosch – und das in der deutschen Schreibweise", berichtet das Unternehmen stolz.

1903 brachte Werner und Mertz die markante Metalldose mit dem Kipphebel auf den Markt.

Auch das Schuhpflegesortiment wurde dem Umweltgedanken unterworfen, Schuhpflegemittel aus dem Hause Werner und Mertz sind bereits seit 1998 lösungsmittelfrei.

AUGUST HORCH

August Horch baute Autos mit starken Motoren, damit war er seiner Zeit weit voraus.

Die industrielle Revolution kannte viele wirtschaftliche Verlierer, aber sie schuf auch den ersten Fachkräftemangel der Wirtschaft. Den zu decken hatte sich die damals noch als Technikum Mittweida bekannte Hochschule zur Aufgabe gemacht, eine Ingenieurshochschule im Vorerzgebirge und eine reine Männergesellschaft. Viele berühmte Köpfe jener Zeit erwarben hier ihre Studienabschlüsse, darunter auch August Horch, ein Pionier des deutschen Automobilbaus. Er gründete eines der größten und bekanntesten Automobilunternehmen und hat durch seine Ideen die deutsche Automobilindustrie an die Weltspitze gebracht.

Als Sohn eines Dorfschmieds war es für August Horch ein ungeheurer Aufstieg, als er 1891 seinen Ingenieurabschluss im Fachbereich Maschinenbau in Mittweida erwarb, nachdem er zuvor nur die Volksschule besucht und eine Schlosserlehre gemacht hatte. Dabei schien sein Lebensweg klar vorgezeichnet, doch statt den väterlichen Betrieb zu übernehmen, zog es den am 12. Oktober 1868 in Winningen an der Mosel geborenen August Horch in die Ferne. Als Geselle ging er auf Wanderschaft und sammelte auf seiner Reise die Erfahrungen, die er als technikbegeisterter junger Mensch für sein späteres Maschinenbau-Studium benötigte. Tatsächlich brauchte er für den Abschluss in Mittweida nur drei Jahre. Ein Musterschüler sei er gewesen, aber beileibe kein Musterknabe, so jedenfalls hat die heutige Hochschule August Horch in Erinnerung behalten. Das galt vermutlich für sein ganzes Leben, als Tüftler war er ein wahres Genie, als Geschäftsmann aber schlicht und ergreifend eine Niete. Nach einer sehr erfolgreichen Zeit

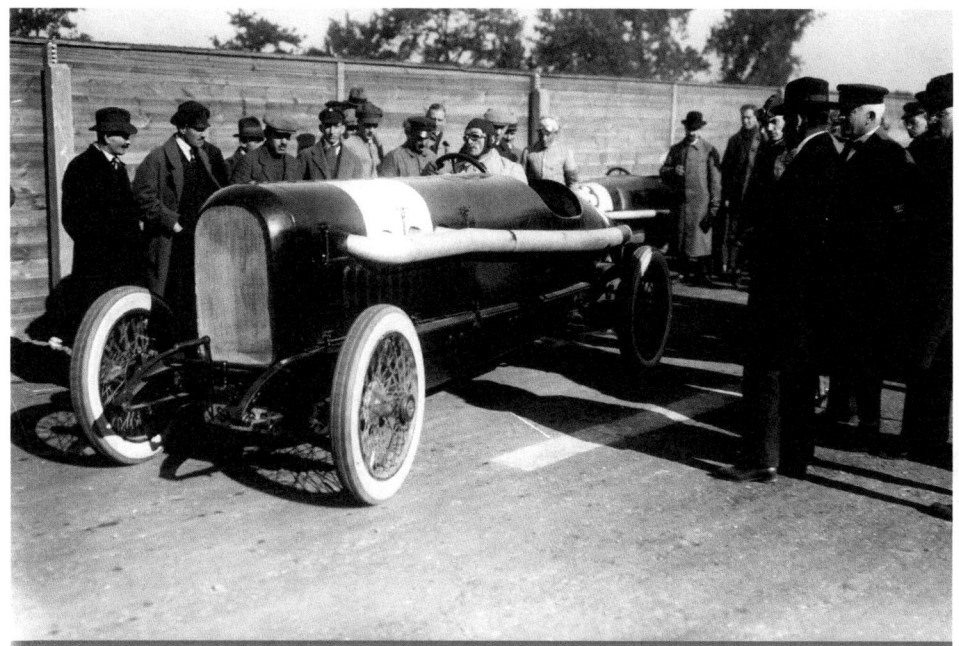

Autorennen waren in den 1920er-Jahren Tauglichkeitsprüfungen für die Fahrzeuge und ihre Entwickler.

bei Benz in Mannheim machte Horch sich 1899 in Köln-Ehrenfeld selbstständig. Er meldete sein erstes Patent an für ein Abreißgestänge, das die Fahrzeugmotoren schneller anspringen ließ. Horchs Autos waren genial, aber für die damalige Zeit schlicht zu teuer, der Firma drohte die Pleite. Die Rettung brachten Investoren, die an Horchs Entwicklungen glaubten und im Vogtland 1902 einen Neuanfang mit ihm wagten. 1903 stellte Horch das erste deutsche Vier-Zylinder-Auto, 1907 das erste deutsche Sechs-Zylinder-Auto vor. Eine Expansion nach seinen Vorstellungen war an diesem Standort nicht möglich und so machte Horch 1904 einen weiteren Neuanfang im sächsischen Zwickau. Und die Modelle, die hier entstanden, hatten Potenzial, sie gewannen ein Auto-rennen nach dem anderen, bis die Erfolgssträhne 1907 mit den Sechs-Zylinder-Wagen plötzlich endete. Horch schied aus dem Unternehmen aus und gründete wieder eine neue Firma, diesmal unter dem Namen „Audi" – das lateinische Wort für „Höre" oder

Horch Modell 1 mit
August Horch am Steuer

eben Horch! Der Erste Weltkrieg bereitete den Audi-Werken ein jähes Ende, es mussten Panzerwagen und Minenwerfer gebaut werden. Horch entwickelte ein gepanzertes Kettenfahrzeug mit zwei 100-PS-Motoren. Nach dem Krieg zog es Horch als Verkehrsgutachter nach Berlin, der Niedergang der Audi-Werke in Zwickau war eingeläutet. Es waren ausgerechnet die Nazis, die Horchs Audi-Werke vor dem völligen Ruin bewahrten. Mit dem Autobahnbau begann eine ganz neue Ära für die Automobilindustrie und davon profitierte nicht zuletzt August Horch, der als „urdeutscher Unternehmer" von den Politgrößen jener Zeit gefeiert wurde. Eine Verehrung, die ihm nach dem Krieg schnell hätte zum Verhängnis werden können. Er floh nach Oberfranken. 1945 wurde die in der Sowjetischen

Startszene beim Grand Prix im Donington Park, Großbritannien

Besatzungszone gelegene Auto-Union, ein 1932 auf Initiative der Sächsischen Staatsbank erfolgter Zusammenschluss der Audi-, Horch- und Zschopauer Motorenwerke (DKW) enteignet. Führende Mitarbeiter des Unternehmens gingen daraufhin nach Bayern, wo 1949 in Ingolstadt mit der Auto Union GmbH eine neue und fortan sehr erfolgreiche Gesellschaft gegründet wurde.

Horchs geschäftliche Misere beschränkte sich beileibe nicht auf seine Tätigkeiten für die Automobilbranche. So hatte er beispielsweise versucht, in der Nähe seiner Heimatstadt Winningen eine Hühnerfarm zu betreiben. Die Eier wollte er mit einer Seilbahn über die Mosel auf die andere Seite transportieren, nur dass es dort bereits mehr als genug Eierlieferanten gab und an einer weiteren

Zulieferung einfach kein Bedarf bestand. Auch der Handel mit Wein in den 1940er-Jahren brachte keinen wirtschaftlichen Erfolg. Und privat war August Horch ebenfalls nicht vom Glück verfolgt, für seine erste Frau Anneliese hatte er wenig Zeit. Trotz der Kinder, die das Ehepaar adoptierte, wurde Anneliese depressiv und schwer krank. 1938 erblindete sie und wurde zum Pflegefall. Horch engagierte eine Haushälterin, die ehemalige Berliner Opernsängerin Else Kolmar, die er 1948 heiratete.

August Horch starb am 5. Februar 1951 völlig verarmt in Münchberg. Beigesetzt wurde er aber in seiner Heimatstadt Winningen an der Mosel. Interessanterweise hatte August Horch nie in seinem Leben eine Fahrerlaubnis besessen!

DER KREISELKOMPASS

Hermann Anschütz-Kaempfe

Es war schon eine erstaunliche Karriere, die dem am 3. Oktober 1872 in Zweibrücken geborenen, promovierten Kunsthistoriker Hermann Franz Joseph Hubertus Maria Anschütz gelang: Ohne eine naturwissenschaftliche Ausbildung erfand er den Kreiselkompass, der neben GPS noch heute das wichtigste Navigationsgerät in der Schifffahrt ist.

Dabei begann Anschütz' Lebenslauf als Sohn des Mathematik- und Physiklehrers Friedrich Wilhelm Anschütz und seiner Ehefrau Maria Johanna Schuler, Tochter aus einer Zweibrücker Fabrikantenfamilie, ganz klassisch: Nach dem Abitur studierte er Medizin in München, später in Innsbruck, was ihn aber nicht wirklich befriedigte. Im Hause seines Onkels in Salzburg lernt er schließlich den sehr wohlhabenden österreichischen Kunsthistoriker Kaempfe kennen, der ihn überredete, Kunstgeschichte zu studieren. Kaempfe nahm den jungen Anschütz mit auf Reisen nach Griechenland und Italien, adoptierte ihn, als dessen Vater starb und setzte ihn als seinen Erben ein. Damit war Anschütz-Kaempfe, wie er seit der Adoption hieß, ein gemachter Mann.

Hermann Anschütz-Kaempfe in seinem
Werk in Kiel

Diese richtungsweisende Begeg-
nung in Innsbruck mit seinem
Adoptivvater sollte aber nicht die
einzige bleiben, die Anschütz-

Kaempfes Lebensweg nachhaltig beeinflusste. In Wien traf er mit dem Maler und
Polarforscher Julius von Payer zusammen, der 1869/70 an der zweiten deutschen Nordpolexpedition unter Kapitän Carl Koldwey teilgenommen hatte.
Fortan trug sich Anschütz-Kaempfe mit dem Gedanken, den Nordpol in einem
U-Boot zu erreichen. Mit den sehr eingeschränkten Navigationsmöglichkeiten in
jenen Jahren ein eher schwieriges Unterfangen, insbesondere in der Nähe der
Pole kam es bei herkömmlichen Magnetkompassen zu falschen Anzeigen und
im geschlossenen Körper eines U-Bootes waren sie gänzlich unbrauchbar. Und
so machte sich Anschütz-Kaempfe daran, einen vom Magnetfeld der Erde völlig
unabhängigen Richtungsanzeiger zu bauen. Bereits 1907 legte er den Einkreisel-
kompass vor, 1912 folgte der Mehrkreiselkompass. Seine Nordpolreisepläne hatte
er über die Begeisterung mit dem Tüfteln und Erfinden und dem steten Verlan-
gen nach Verbesserung des Kreiselkompasses völlig vergessen. Im September
1905 gründete er eine Firma zur Herstellung des Mehrkreiselkompasses in Kiel,
ab 1908 wurde der Kreiselkompass von der Deutschen Marine eingesetzt.

Doch Anschütz-Kaempfe war nicht der einzige, der basierend auf den
theoretischen Erkenntnissen des französischen Physikers Léon Foucault an
der Entwicklung eines Kreiselinstrumentes arbeitete, das direkt die geografi-
sche Nordrichtung ermittelt. So kam es 1915 zwischen Anschütz-Kaempfe und
dem Amerikaner Elmer Ambrose Sperry zu einem Patentrechtsstreit, bei dem
kein geringerer als Albert Einstein als Gutachter bestellt war. Anschütz-Kaempfe
gewann nach einigem Hin und Her den Rechtsstreit und mit Albert Einstein

einen neuen Freund fürs Leben. In einem weiteren Patentprozess Anschütz-Kaempfes gegen die Kreiselbau GmbH, in dem es um das Plagiat eines „Künstlichen Horizontes" ging, bat Einstein das Gericht sogar, ihn von der Gutachtertätigkeit zu entbinden, so tief war die Freundschaft mit Anschütz-Kaempfe inzwischen gediehen. Anschütz-Kaempfe kehrte 1916 nach München zurück, wo er sich eine Wohnung ganz nach seinen ausgeprägten künstlerischen Vorstellungen einrichtete. Hier begann er mit der Entwicklung des bis heute unübertroffenen Kugelkompasses mit weitreichender Hilfe Albert Einsteins – der auch finanziell bis 1938 an der Neuentwicklung beteiligt war. Hermann Anschütz-Kaempfe starb im Mai 1931 in München. Er war dreimal kinderlos verheiratet, sein millionenschwerer Besitz ging in eine Stiftung über.

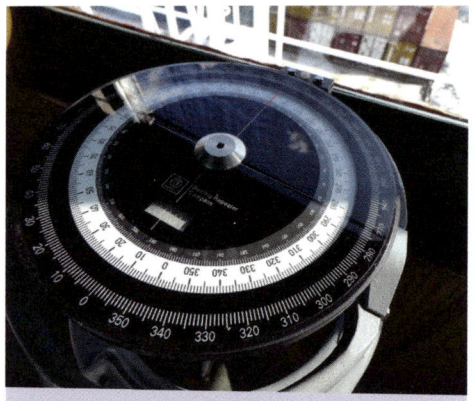

Heute gängige Ausstattung in der Schifffahrt: Der von Anschütz-Kaempfe entwickelte Kreiselkompass.

Die Kieler Firma mit dem Namen „Anschütz & Cie." war von Anfang an ein voller Erfolg. Und neben dem bis in die 1990er-Jahre fast unverändert produzierten Zweikreiselkompass entwickelten Anschütz-Kaempfe und sein Team, darunter eine Zeit lang auch sein Vetter Maximilian Schuler, 1919 das mechanische Selbststeuer, also den ersten Autopiloten für Schiffe, den sogenannten „eisernen Steuermann". Der erste Kartenplotter, ein Vorgänger der elektronischen Seekarten, wurde ebenfalls in der Fabrik in Kiel erfunden. Man kann ohne Übertreibung sagen, dass die Erfindungen von Hermann Anschütz-Kaempfe auf allen seegängigen Schiffen der Welt zu finden waren und selbst heute noch immer zu finden sind. Hinzu kommen andere bahnbrechende Erfindungen wie etwa der „Fliegerhorizont" für die Luftfahrt. 1995 wurde das Unternehmen von der Raytheon Company, einem weltweit agierenden Unternehmen der Verteidigungsindustrie, übernommen und in Raytheon-Anschütz umbenannt. Nach wie vor sind am Standort Kiel alle Prozesse von der Entwicklung über die Fertigung bis zum Vertrieb und Kundenservice zusammengefasst.

DIE AMMONIAKSYNTHESE

Alizarinlabor um 1922

Einen beträchtlichen Nutzen für die Menschheit brachte ein weiteres von der BASF in Ludwigshafen umgesetztes Verfahren: Die Ammoniaksynthese, die Herstellung von Ammoniak, einem wichtigen Bestandteil von Kunstdünger, aus der Synthese von Stickstoff und Wasserstoff. Um 1900 gingen die Reserven an gebundenem Stickstoff in Form von Salpeter, einem unentbehrlichen Nährstoff von Pflanzen, zur Neige. Mit dem Haber-Bosch-Verfahren gelang es schließlich Ammoniak herzustellen. Diese Entwicklung war bahnbrechend und brachten Fritz Haber 1918, Carl Bosch 1931 und Gerhard Ertl für die vollständige theoretische Erklärung des Mechanismus der Ammoniakbildung 2007 den Nobelpreis in Chemie ein. Ohne die großtechnische Herstellung von Ammoniak jedenfalls wäre die Menschheit vermutlich schon verhungert.

Nachdem Fritz Haber 1908 sein „Verfahren zur künstlichen Darstellung von Ammoniak" zum Patent angemeldet hatte, suchte er eine Kooperation mit der BASF, die sich für die industrielle Umsetzung des Verfahrens im großen Stil interessierte, wenn die Unternehmensleitung auch vorerst noch skeptisch blieb. Erst der BASF-Chemiker Carl Bosch schaffte es, den damaligen Generaldirektor zu

Fritz Haber

Carl Bosch

überzeugen. Eine umfassende Forschungstätigkeit begann. Es galt einen passenden Katalysator zu finden und auch das Problem mit dem auftretenden extrem starken Druck zu lösen. Die vorhandenen Druckbehälter jedenfalls hielten den Belastungen des neuen Verfahrens nicht stand. Carl Bosch fand schließlich die Lösung: das Doppelrohr. 1913 war es soweit, das erste Synthesewerk in Ludwigshafen-Oppau nahm die Produktion auf. In diesem Werk kam es 1921 auch zum bislang größten Explosionsunglück der BASF.

DAS RHÖNRAD

Es hat etwas von atemberaubender Anmut, wenn Rhönradturner mit viel Kraft und Körperbeherrschung auf nur einem oder beiden Reifen ihrer riesigen Räder durch die Halle rollen und dabei ihre Pflicht- und Kürübungen im Gerade- und Spiralturnen sowie Sprung absolvieren. Eigentlich ist es deshalb kaum zu erklären,

Otto Feick baute einen ersten Prototyp des Rhönrades zwischen 1914 und 1923 in Ludwigshafen.

RHÖNRAD (1925)   67

warum das Rhönradturnen nicht die gleiche Aufmerksamkeit bekommt, wie manch andere, im Vergleich sogar eher unspektakuläre Sportart. Könnte das noch immer an der bitteren Geschichte liegen?

Tatsächlich nämlich weckte das Rhönrad öffentliches Interesse während der Olympischen Spiele 1936 in Berlin. Die Begeisterung der Nazis für diese Sportart wurde ihr deshalb über viele Jahre zum Hindernis. So hatte es sich der Erfinder, Otto Feick, geboren 1890 im pfälzischen Reichenbach, gewiss nicht vorgestellt. Der Schlosser und Eisenbahner, der von 1914 bis 1923 in der Betriebsstätte der Deutschen Reichsbahn in Ludwigshafen tätig war, hatte schon als Kind den größten Spaß daran, in zwei mannshohen Eisenreifen, die durch Querstäbe verbunden waren, die Hänge in Reichenbach-Steegen hinunterzurollen. Einen ersten Prototyp baute Feick während seiner Zeit in Ludwigshafen. Den Patentantrag stellte er dann aber schon vom Heimatort seiner Frau aus, Schönau an der Brend – in der Rhön, daher später der Name. Feick war von den französischen Besatzern aus der Pfalz ausgewiesen worden. In Schönau fand er eine neue Heimat und gründete eine Metallwerkstatt, in der er Spielgeräte und Bettgestelle herstellte.

Das Rhönrad ließ ihn in all den Jahren nicht los und so baute er 1924/25 eine weitere Variante seines Sportgerätes, 1925 meldete er seine Erfindung schließlich als „Reifen-Turn- und Sportgerät" zum Patent an. Die deutschen Turnvereine konnten aber nichts mit dem naturgemäß sehr großen Turngerät anfangen. Anders das Publikum im Ausland, das Feick mit einer Schaugruppe in Frankreich, Spanien, Italien, England und sogar den USA zu begeistern wusste. Schließlich soll den Nazis die Erhabenheit der eindrucksvoll in Reih und Glied rollenden Rhönräder aufgefallen sein. Insbesondere dem Rekord-Roller Adalbert von Rekowski ist es wohl zuzuschreiben, dass es Schauvorführungen auf den Reichsparteitagen in Nürnberg gab. Rekowski hatte 1933 mit seinem Rhönrad die 100-Meter-Strecke in 22,2 Sekunden geschafft. Ruhm erlangten die Räder dann schließlich bei einer Großvorführung zu den Olympischen Spielen 1936: 120 Rhönräder rollten durch das Berliner Olympiastadion und begeisterten die Massen. Feick soll das nicht recht gewesen sein, als engagierter

Rhönradturner
sind wahre
Akrobaten.

Gewerkschafter versuchte er sich gegen diese Vereinnahmung durch die Nazis zur Wehr zu setzen. Genützt hat es nichts. Dem Rhönrad haftete das Nazi-Stigma noch lange Zeit an. Otto Feick versuchte noch einmal für sein Sportgerät im Ausland zu werben, musste seine Fabrik aber schon bald schließen. Er starb mit gerade einmal 55 Jahren 1959 verarmt und enttäuscht in Schönau.

Das Turnrad besteht nach wie vor aus zwei Reifen, die durch sechs Sprossen miteinander verbunden sind. Zwei davon sind mit Brettern versehen, an denen Lederschlaufen befestigt sind, die den Füßen sicheren Halt bieten. An zwei weiteren der Sprossen befinden sich Griffe. Das Rad hat einen Durchmesser von 130 bis

245 Zentimeter, je nach Körpergrö-
ße des Turners. Moderne Geräte
lassen sich für den Transport
natürlich zerlegen. Das Rhönradturnen hat sich im Laufe der
Jahrzehnte aber sehr verändert.
Von den einst eher statischen
Turnübungen, bei denen mal ein
Arm oder ein Bein gehoben
wurden, ist das ursprünglich recht
einfache Hin- und Herrollen heute
mit zahlreichen Elementen aus
dem Barren- und Reckturnen
angereichert worden. Drei Diszipli-
nen haben sich herausgebildet.
Beim Geradeturnen führt der
Turner seine Übungen im Innern
des Rades vor, während das Rad
aufrecht rollt. Wie eine Münze auf
dem Boden „tellert" das Rhönrad
bei der Spirale, es wird nur durch
die Gewichtsverlagerungen des

Beeindruckend ist die
sogenannte „Spirale",
die der Turner nur durch
Gewichtsverlagerung
erreicht.

Turners bewegt. Und bei der letzten Disziplin, dem Sprung, rollt der Turner
auf dem Gerät und liefert einen möglichst spektakulären Sprung vom Rad auf
den Boden.

Erst 1959 wurde das Rhönradturnen offiziell in den Deutschen Turnerbund
aufgenommen, 1961 fanden die ersten Vereinsmeisterschaften in Hannover
statt. 1982 in Zürich und 1987 in Dänemark wurden die Grundlagen auch für
internationale Wettbewerbe geschaffen, 1995 schließlich die ersten Rhön-
rad-Weltmeisterschaften in den Niederlanden ausgetragen. Von den zwölften
Weltmeisterschaften im Rhönradturnen 2016 in Cincinnati (USA) kamen die
deutschen Teilnehmer mit 36 der zu vergebenden 63 Medaillen nach Hause,
davon 16 Goldene, 13 Silberne und 7 Bronzene. Das hätte dem Pfälzer Erfinder
des Rhönrades sicher sehr gefallen.

DER GEIGERZÄHLER

Nobelpreisträger Ernest Rutherford und sein Assistent Hans Geiger 1912 in Manchester

Man sieht sie nicht, kann sie nicht fühlen, riechen oder schmecken, doch sie ist hochgefährlich: radioaktive Strahlung. Nur hören können wir sie, dank jener genialen Erfindung des Geiger-Müller-Zählrohres, besser bekannt als Geigerzähler, benannt nach dem renommierten deutschen Physiker Johannes Wilhelm genannt Hans Geiger, ein Pionier des zu Beginn des 20. Jahrhunderts anbrechenden Atomzeitalters.

Hans Geiger wurde am 30. September 1882 in Neustadt an der Weinstraße geboren. Sein Vater, Wilhelm Ludwig Geiger, war zu der Zeit Gymnasiallehrer in Neustadt, das damals noch zu Bayern gehörte. Schon 1884 wechselte er an das Max-Planck-Gymnasium in München und wurde 1891 als Professor für Indologie und Iranistik an die Universität Erlangen berufen. Hans Geigers Schullaufbahn zeichnet die beruflichen Stationen seines Vaters nach. Er ging erst in München, später in Erlangen zur Schule, es folgten Studiengänge in Physik und Mathematik wiederum in Erlangen und München. Von 1906 bis 1912 war er Assistent des Nobelpreisträgers für Chemie Ernest Rutherford in Manchester, dem er bei der Entwicklung seines Atommodells half. Hier entdeckte Geiger seine Leidenschaft für die Forschung auf dem Gebiet der Radioaktivität. 1907/1908 wies er die statistische Natur des radioaktiven Zerfalls nach. 1912 kehrte Geiger auf Anraten seines Vaters wegen der drohenden Kriegsgefahr nach Deutschland zurück. Zu der Zeit galt er als einer der weltweit führenden Fachleute auf dem Gebiet der Radioaktivität. Und so konnte er sich seinen neuen Wirkungskreis aussuchen. Er entschied sich für die Leitung des neuen Labors für Radiumforschung an der Physikalisch-Technischen Reichsanstalt in Berlin. Schon 1913 entwickelte er einen ersten „Geiger-Zähler", der aber nur gering ionisierende Betateilchen nachweisen konnte. Erst zusammen mit seinem Assistenten Walther Müller gelang es ihm ab 1925, als Professor für Experimentalphysik in Kiel, sein Gerät zu perfektionieren. 1928 stellte er das „Geiger-Müller-Zählrohr" vor, ein bis heute wichtiges

Professor Dr. Hans Geiger

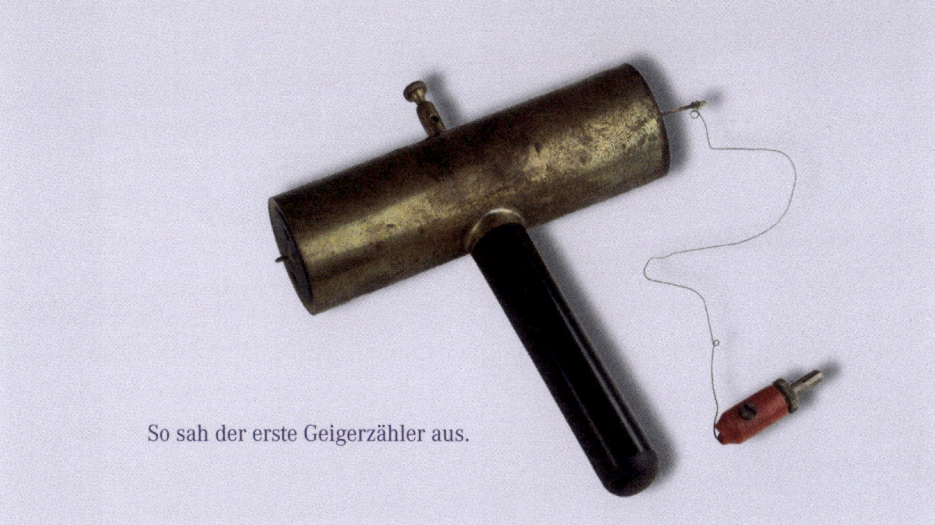

So sah der erste Geigerzähler aus.

Messgerät der Kernforschung und immer noch unentbehrlich für den Nachweis radioaktiver Strahlung. Das Knackgeräusch, das entsteht, wenn ionisierende Strahlung im Rohrinneren eine elektrische Entladung erzeugt, kennt bis heute jedes Kind.

Geigers Leben war die Wissenschaft. Diese Ausrichtung wurde ihm und seinem Bruder Rudolf, ein bekannter Klimaforscher, quasi in die Wiege gelegt. Nach der Zeit in Kiel folgte er einem Ruf an die Universität Tübingen, kehrte 1936 aber nach Berlin zurück. Tief bewegt und beeindruckt hatte ihn aber ganz offensichtlich seine Zeit in England, wo er eine Vorliebe für alles Britische

entwickelt haben soll. So sieht man ihn auf Fotos mit Knickerbocker und gerne auch in Karostoffen gekleidet. Der Geschäftssinn allerdings fehlte Geiger. So kam er gar nicht auf die Idee, das „Geiger-Müller-Zählrohr" patentieren zu lassen, im Gegenteil er veröffentlichte zahlreiche Artikel, in denen er die genaue Funktionsweise erläuterte, sodass der Nachbau zum Kinderspiel wurde. Die Nachfahren der beiden Erfinder hätten gewiss auf immer ausgesorgt gehabt. Geiger aber blieb der Wissenschaft treu – und der Lehre. Er entwickelte sogar ein besonderes Talent, seine Studenten liebten seine Vorlesungen und freuten sich stets auf das „Geiger-Varieté", wie sie seine Stunden gerne bezeichneten, weil sie so unterhaltsam waren.

Bunsentagung in Münster 1932 mit Hans Geiger (2.v.l.),
Otto Hahn (stehend) und Ernest Rutherford (3.v.l.)

Die beiden Weltkriege gingen auch an Hans Geiger nicht spurlos vorüber. Im Ersten Weltkrieg kämpfte er als Artillerieoffizier. Während des Zweiten Weltkrieges soll er noch an Untersuchungen mitgearbeitet haben, die in Zusammenhang mit der Entwicklung einer deutschen Atombombe standen. Den Abwurf der ersten Atombomben auf Hiroshima und Nagasaki im August 1945 erlebte er aber nur noch vom Krankenbett aus mit. 1943 erkrankte er an einem rheumatischen Leiden, das ihn ans Haus fesselte. Hans Geiger starb am 24. September 1945 in Potsdam.

Doch mit dem Abwurf der ersten Atombombe und dem Bau des ersten Atomkraftwerkes wurde das Gerät zum Nachweis radioaktiver Strahlung immer bedeutsamer. Albert Einstein hat den Geigerzähler in einem Brief an Geiger das „empfindlichste Organ der Menschheit" genannt. In einer Pressemitteilung soll er sogar als „Wachhund des Atomzeitalters" bezeichnet worden sein.

In Hans Geigers Geburtsstadt tragen eine Grundschule und eine Straße den Namen des berühmten Sohnes aus Neustadt an der Weinstraße.

DIE KSB-NORMPUMPE

Johannes Klein

Wo Flüssigkeit in Bewegung gesetzt werden muss, braucht man eine Pumpe und zwar für jede eine andere, abhängig von den individuellen Voraussetzungen und Erfordernissen. Das macht eine „Normpumpe" erst einmal unmöglich. Dem Pumpen- und Armaturenhersteller KSB in Frankenthal ist es dennoch gelungen, eine solche Normpumpe zu entwickeln. Mit der Etanorm-Pumpe hat KSB dort eine Norm durchgesetzt, wo nach den Gesetzen der Physik eigentlich individuelle Geräte vorteilhaft wären. Eine pfiffige Anpassung des Standards hilft ihnen dabei. Die KSB-Ingenieure verändern individuell den Außendurchmesser des Kreiselpumpenlaufrades. Damit lässt sich die optimale Förderhöhe bei einer einstufigen Pumpe erheblich variieren. So wird es möglich, die

Friedrich Schanzlin

Jakob August Becker

verlangten Förderhöhen innerhalb einer Pumpenbaugröße durch unterschiedliche Laufraddurchmesser zu erreichen. Dieses Konzept hatte KSB bereits 1911 erdacht und in den Pumpen der Monos-Baureihe umgesetzt. Der entscheidende Schritt kam jedoch in den 1930er-Jahren, als der junge Dr. Fritz Krisam, später KSB-Konstruktionsleiter, die einstufigen Kreiselpumpen ordnete und in einem Baureiheraster zusammenfasste.

Ein erstes Patent für einen Kesselspeiseautomaten, ein System mit dem der entweichende Dampf einer Dampfmaschine aufgefangen und in Form von Wasser zum Dampfkessel zurückgeführt werden konnte, erhielt Johannes Klein 1871.

Noch im selben Jahr gründet er in Frankenthal zusammen mit Friedrich Schanzlin und Jakob Becker die Firma „Frankenthaler Maschinen- & Armatur-Fabrik Klein, Schanzlin & Becker", um Kesselspeiseautomaten und Armaturen zu fertigen. Seitdem steht der Transport von Flüssigkeiten im Mittelpunkt der Arbeit von KSB. Es folgten Patente für den „Kleinschen Kondensationstopf" 1883 und die dampfgetriebene Kolbenpumpe 1894. Heute zählen vor allem kraftwerkstechnische Hochdruckpumpen und -armaturen zu den Spitzenprodukten des Unternehmens. Standardpumpen und -armaturen kommen weltweit in Industriebetrieben, Wasser- und Klärwerken sowie in Wohn- und Bürogebäuden zum Einsatz.

Die KSB-Zentrale in Frankenthal: Von hier aus wird der global operierende Konzern gesteuert.

Die Produktion steht nicht still: Fast 80 Jahre nach der Einführung der ersten Generation ist die Etanorm-Pumpe immer noch gefragt.

Seit seiner Gründung ist KSB zu einem global operierenden Unternehmen herangewachsen und beschäftigt über 15 500 Mitarbeiter in über 60 Ländern. Mit ihrer Unterstützung kam der Pumpen- und Armaturenhersteller im Geschäftsjahr 2016 auf einen Umsatz von knapp 2,17 Milliarden Euro, die Eigenkapitalquote lag inklusive Anteile anderer Gesellschafter bei 37,9 Prozent.

Das Stammwerk der KSB AG in Frankenthal ist auch das größte europäische Werk des Unternehmens vor den Fertigungsstätten in Pegnitz, Halle und La Roche-Chalais (Frankreich). Insgesamt verfügt KSB über Fertigungsstätten in 18 Ländern.

TOAST HAWAII

Toastbrot, Schinken, eine Scheibe Ananas und Käse:
Der Klassiker ist noch heute in aller Munde.

Eine Scheibe Toastbrot, Schinken und Ananas darauf, mit Käse überbacken und schon ist sie fertig, die clevere Erfindung von Clemens Wilmenrod, dem ersten Fernsehkoch Deutschlands. Von 1953 bis 1964 stand Carl Clemens Hahn, wie er eigentlich hieß, in 180 Folgen „Bitte in 10 Minuten zu Tisch!" vor der noch Schwarz-weiß-Bilder liefernden Fernsehkamera und lud seine Zuschauer zum Nachkochen allerlei exotischer Gerichte ein. Das Konzept der Sendung hatte er mit seiner Frau Erika Klink, einer Metzgerstochter erdacht, die ihm während der damals noch live ausgestrahlten Folgen bis zu ihrer Scheidung 1958 assistierte. Und der Erfolg war enorm, die Sendungen entwickelte sich regelrecht zum „Straßenfeger" – nun ja, wegschalten ging in jenen Jahren noch nicht, es gab nur den einen Sender.

Wilmenrods Erfolg wurzelte nicht zuletzt in der 1953 noch immer anhaltenden Nachkriegszeit mit ihren Entbehrungen. Die Deutschen litten zwar keinen Hunger mehr, träumten aber von wahrer Lebensfreude und die machten sie an fernen Ländern fest. Genau dieses Bedürfnis befriedigte der Fernsehkoch mit seinen exotischen Kreationen doch wenigstens auf den heimischen Tellern, „Toast Hawaii", „Arabisches Reiterfleisch" und mit Mandeln gefüllte Erdbeeren stillten das Fernweh. Seine Zutaten indes kamen nicht aus der Ferne, sondern aus Dose und Tüte, dazu Ketchup, Mayonnaise oder auch einmal Roquefort prägten schon bald die deutsche Küche. Wenn Wilmenrod ein neues Rezept präsentierte, waren die Zutaten am nächsten Tag schnell ausverkauft. Und wenn jemand es wagen sollte, seine Urheberschaft an einem Rezept anzuzweifeln, droht er auf der Mattscheibe auch schon einmal mit dem großen Fleischermesser. Tatsächlich dürfte er die meisten Rezepte schlicht irgendwo abgeschrieben haben, stellte sie nach Gusto neu zusammen und gab ihnen etwas Pepp in Form von Gewürzen wie Paprika, frischem Rosmarin oder Thymian. Gewürze, die damals alles andere als leicht zu bekommen waren. So war sein „Arabisches Reiterfleisch" nichts weiter als eine mit Paprika gewürzte Frikadelle. Richtig kochen konnte Wilmenrod jedenfalls nicht. Erst in späteren

Wenn Clemens Wilmenrod kochte, saß Deutschland vereint vor dem Fernseher.

Jahren eignete er sich einige Grundkenntnisse bei seinem späteren TV-Kochkonkurrenten Hans Karl Adam an, von ihm ließ er sich so einfache Dinge wie das professionelle Schneiden von Zwiebeln beibringen.

Carl Clemens Hahn wurde 1906 in Oberzeuzheim bei Wilmenrod im Westerwald geboren. Seine Ausbildung führte ihn erst an ein Konservatorium und später auf die Schauspielschule. Er spielte mit mäßigem Erfolg Theater, dreht aber auch den ein oder anderen Kinofilm, immerhin an der Seite so renommierter Darsteller wie Johannes Heesters.

Seiner Heimat erwies er eine besondere Ehre: Er wählte „Wilmenrod" zu seinem Künstlernamen.

Seine Rezepte garnierte Wilmenrod nicht nur mit viel Fantasie, sondern rundete sie mit passenden Geschichten ab.

Und ein Künstler war er wahrhaftig. Rund um seine Rezepte erzählte er allerlei amüsante Geschichten in perfekt dramatischem Tonfall. Das und die Karikatur seines Konterfeis auf der Schürze wurden zu seinen Markenzeichen. Durch den großen Erfolg wurde rasch die Küchenutensilien- und Lebensmittelindustrie auf ihn aufmerksam. Wilmenrod hatte keine Skrupel das ein oder andere Produkt werbewirksam in die Kamera zu halten und dafür ein Extrahonorar zu kassieren. Für 1000 Mark eines Geflügelbarons soll er zum Beispiel den deutschen Hausfrauen den Truthahn als Leckerei schmackhaft gemacht haben. Sein Rezept für einen Rumtopf stammte angeblich aus dem Tagebuch einer „Frau Hermine Pott", hinter der jedoch eine Flensburger Rum-Firma stand. So verhalf der erste TV-Koch Deutschlands nicht nur dem Toast Hawaii zur Berühmtheit, sondern initiierte auch gleich die erste Debatte über Schleichwerbung in dem noch sehr jungen Medium. Der „Spiegel" widmete Wilmenrods Geschäftstüchtigkeit gar eine Titelseite, was schließlich zu einer Abmahnung des Senders führte, die zugleich das Ende der ersten deutschen Kochshow im Jahre 1964 einleitete. Dazu beigetragen haben dürften auch die Schmähungen deutscher Profiköche, die sich bei Wilmenrods Rezepten mehr als einmal die Haare gerauft haben sollen. Etwa bei seinem „Venezianischen Weihnachtsschmaus", einem panierten Schnitzel in Sahnesoße, die von der knusprigen Panade wenig bis nichts übrig ließ. Ein Chefredakteur soll ihn sogar einmal als „Wilmenrotz" bezeichnet haben. Nichts desto trotz war Wilmenrod bei seinen Zuschauern beliebt und seine Kochbücher waren Bestseller. Die Bürger in seiner Heimatgemeinde jedenfalls waren ungemein stolz auf den berühmten Sohn des Dorfes, der es bis ins Fernsehen geschafft hatte. Damals eine Sensation!

Im Alter von gerade einmal 60 Jahren erschoss sich Clemens Wilmenrod 1967 in München. Er soll an Magenkrebs gelitten haben – ausgerechnet.

Das Fernsehen würdigte den ersten TV-Koch Deutschlands 2008 mit der Verfilmung seines Lebens mit keinem Geringeren als Jan-Josef Liefers in der Titelrolle.

Und „Toast Hawaii" hat auch heute noch, über 60 Jahre, nachdem Wilmenrod ihn erstmals seinem Fernsehpublikum vorstellte, eine große Fangemeinde. Ob als besonderes Abendessen oder Partyknüller, die Scheibe Toastbrot mit Schinken, Ananas und Käse überbacken ist Kult. Die Kirsche als Krönung des Ganzen fehlte übrigens 1955 bei der Premiere noch, sie kam erst viel später dazu. Ob Clemens Wilmenrod tatsächlich der Erfinder des „Toast Hawaii" ist, oder er auch dieses Rezept irgendwo abgekupfert hat, bleibt unklar, unbestritten aber hat er dafür gesorgt, dass „Toast Hawaii" bis heute ist aller Munde ist.

DIE TAGESSCHAU-ERKENNUNGSMELODIE

Hans Carste lebte seine Leidenschaft, nicht nur beruflich, sondern auch ganz privat.

Deutschland, 20 Uhr: Erst ertönt ein nachhallender Gong, dann folgt der immer gleiche Satz: „Hier ist das Erste Deutsche Fernsehen mit der Tagesschau" und mit Ta ta, ta ta ta taaa geht es in den Feierabend. Mit diesen sechs Noten beginnt allabendlich seit 1956 die bekannteste Nachrichtensendung Deutschlands. Mehrfach wurde dieses „Intro" überarbeitet, jene

Hans Carste

sechs Töne aber haben sich zu einer unverwechselbaren Erkennungsmelodie gemausert. Ihr „Erfinder" – oder Komponist, doch was ist jedes Musikstück anderes als eine „geniale Erfindung" – heißt Hans Carste, 1909 geboren im vorderpfälzischen Frankenthal.

Die sechs Töne sind die Schlusstakte der „Hammond-Fantasie", die Carste in sowjetischer Kriegsgefangenschaft komponiert haben will. Einige Geschichten und sogar Skandale ranken sich um die Hymne. 1967 war die Melodie Gegenstand eines Urheberrechtsstreits. Ein Mitarbeiter Carstes reklamierte sie für sich. Auch er wollte etwas vom „Tantiemen-Kuchen" abhaben – immerhin ging es um vierstellige Beträge, monatlich! Im Jahr 2012 glaubte eine deutsche Boulevardzeitung ihr Ende bei der Tagesschau sei in Sicht. Es folgte ein Sturm öffentlicher Empörung, man wollte sie nicht missen, die Fanfare zum kollektiven Feierabend. Und selbst Carstes Witwe Grit Siglinde drohte der ARD mit einer Klage, hingen doch üppige Tantiemen mit der Ausstrahlung zusammen. Die Nachricht entpuppte sich als „Ente". Die Macher beim Ersten Deutschen Fernsehen wussten ganz genau, wie wichtig ein unverwechselbares Markenzeichen sein kann. Und so ertönt Carstens Hymne noch heute.

Hans Friedrich August Häring, wie Hans Carste mit bürgerlichem Namen hieß, war Musiker mit Leib und Seele. Die Musik wurde ihm sozusagen in die Wiege gelegt. Tatsächlich scheint sein erstes Lebensjahr, das er in Frankenthal verbrachte, seinen späteren Lebensweg schon vorgezeichnet zu haben. Es wurde viel musiziert bei den Härings, obwohl Vater Friedrich August Ingenieur bei einer Maschinenfabrik in Frankenthal war. Mutter Rosa stammt aus Österreich, vielleicht hat sie die Leidenschaft für Musik an ihren Sohn weitergegeben. Allerdings trennten sich die Eltern schon bald und Rosa Häring zog mit ihrem Sohn zurück in die österreichische Heimat. 1927 machte Hans Abitur und gab, nach einem kurzen Einblick in das Studium der Staatswissenschaften, seiner Begeisterung für die Musik nach. Von 1929 bis 1931 arbeitete er als Korrepetitor an der Breslauer Oper, er unterstützte also die Vorbereitungen und Proben einer Inszenierung, in dem er beispielsweise bei szenischen Proben das Orchester durch Klavierbegleitung ersetzt. Schon bald konnte er seine ersten eigenen Kompositionen vorlegen.

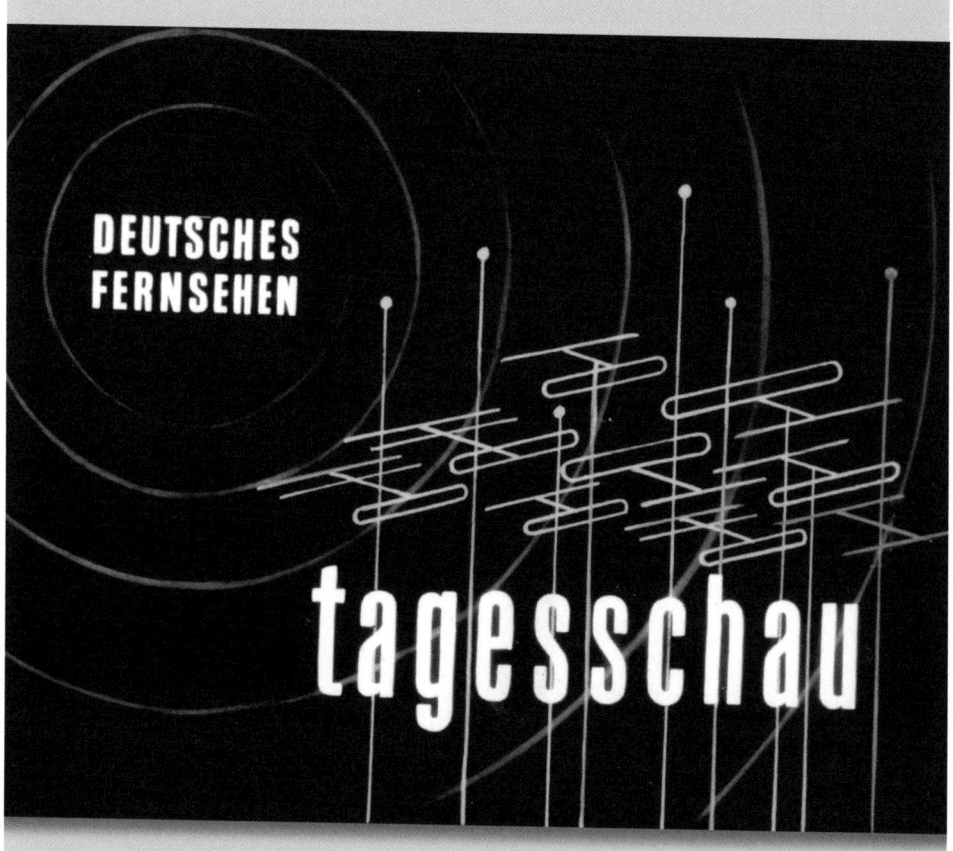

Das Tagesschau-Bild 1956

Der Kontakt zu einem Musikverlag veranlasste ihn, sich einen Künstlernamen zuzulegen und so wurde schließlich aus Hans Häring Hans Carste, ein Name, dem in der Musikwelt noch heute große Bewunderung zuteil wird. Unzählige Kompositionen stammen aus seiner Feder. Er schrieb Filmmusik und bis heute unvergessene Schlager für Vico Torriani, Peter Alexander, Paul Kuhn und Caterina Valente zum Beispiel. Er war Dirigent und Abteilungsleiter für leichte Musik beim Sender Rias Berlin und Vorsitzender des Gema-Aufsichtsrates.

Hans Carste lernte aber auch eine andere Seite des Lebens kennen. 1942 wurde er zum Militär einberufen, schwer verwundet geriet er in russische Gefangenschaft. In dieser prekären Situation half ihm die Musik zu überleben. Auf selbst hergestelltem Notenpapier fing er schon bald an wieder zu komponieren und schaffte es sogar, ein Orchester auf die Beine zu stellen und Konzerte für deutsche Gefangene und gelegentlich auch russisches Publikum zu geben. Aus dieser Zeit soll auch die Komposition „Hammond-Fantasie" stammen, deren Schlusstakte die Tagesschau-Erkennungsmelodie bilden.

Die schwere Verwundung aus dem Krieg in Verbindung mit seinen zunehmend stressiger werdenden beruflichen Belastungen zwangen Carste Ende 1967 all seine Ämter niederzulegen. Er zog sich nach Bad Wiessee zurück, wo er am 11. Mai 1971 starb.

Musik verbindet, sagt man. Carstes Musik und seinem stets verbindlichen Wesen verdankt ganz Deutschland eine weitere Auszeichnung: Carste wurde nach dem Krieg als erster Deutscher bereits 1957 zum Präsidenten des „Bureau International des Sociétés Gérant les Droits d'Enregistrement et de Reproduction Mécanique" in Paris ernannt, eine internationale Organisation der Musikwirtschaft, die nationale Gesellschaften in urheberrechtlichen Fragen vertrat. Eine Sensation und ein „nicht unwesentlicher Schritt zum Wiedererlangen unserer nationalen Identität innerhalb der europäischen Völkerfamilie", wie Karl Heinz Wahren, bis 2003 Mitglied des Gema-Aufsichtsrates, im Gedenken an Hans Carste zu dessen 90. Geburtstag schrieb.

Hans Carste war außerdem Träger des Paul-Linck-Rings, einer Auszeichnung hervorragender Komponisten der Unterhaltungsmusik, und erhielt 1961 einen österreichischen Professorentitel.

SCIENCE-FICTION-LITERATUR

Pionier der deutschen Science-Fiction-Literatur: Walter Ernsting

Am 8. September 1961 erschien Heft 1 der erfolgreichsten Science-Fiction-Romanheftreihe der Welt: In „Unternehmen Stardust" betritt Astronaut Perry Rhodan zum ersten Mal den Mond und muss dort mit Entsetzen feststellen, dass er nicht wie erwartet der erste Besucher ist, denn er stolpert über ein manövrierunfähiges Kugelraumschiff aus dem Reich der Arkoniden. Schneller als die Macher des Pabel Moewig Verlages es sich vorstellen konnten, war die Startauflage mit 35 000 Exemplaren vergriffen. Und aus den ursprünglich geplanten 30 bis 50 Folgen mit dem Untertitel „Der Erbe des Universums" ist eine „Never-ending-Story" geworden, noch heute erscheint jede Woche ein neues Heft in einer Auflage von 130 000 Exemplaren, dazu gibt es jedes Jahr vier Hardcover-Bände auch als Taschenbücher, Hörspiele und Lizenzausgaben in Frankreich, Spanien, Holland, Brasilien, Japan und Amerika.

Die Grundlagen für diesen Erfolg, der seinesgleichen sucht, legten Walter Ernsting – unter den Pseudonym Clark Darlton – aus Koblenz und sein Freund Karl-Herbert Scheer aus Frankfurt-Harheim. Ernsting sorgte für die fantastischen, Scheer für die technisch-wissenschaftlichen Momente. Die beiden Erfinder gelten bis heute als Pioniere der deutschen Science-Fiction-Literatur.

Perry Rhodan ist die erfolgreichste Heftromanreihe der Welt.

   Walter Ernsting wurde am 13. Juni 1920 in Koblenz geboren. Er wuchs in Essen, Lüdenscheid und Bonn auf und wurde schon kurz nach Beginn des Zweiten Weltkrieges eingezogen. 1945 geriet er in Gefangenschaft und wurde 1947 in ein Straflager nach Kasachstan verbracht. Nach seiner Entlassung arbeitete er ab 1952 als Übersetzer bei den britischen Besatzern. Hier kam er auch erstmals mit Science-Fiction in Kontakt, und wechselte als Übersetzer und Redakteur zum Pabel-Verlag. Ernsting legte sich das Pseudonym Clark Darlton zu und schaffte es so, seinen ersten eigenen Roman bei seinem Verlag unterzubringen. Unter diesem Namen brachte er auch zusammen mit seinem Freund 1961 die endlos erfolgreiche Weltraumsaga an den Start. Bis in die 1990er-Jahre war Ernsting als Autor für die Serie tätig und schrieb 192 Hefte für Perry Rhodan. Insgesamt schrieb er über 300 Romane und dutzende Kurzgeschichten, unter anderem auch für die Atlan-Serie und unter dem weiteren Künstlernamen Robert Artner.

   Walter Ernsting starb im Alter von 84 Jahren in Salzburg. Nach seinem Tod wurde ein Asteroid nach ihm benannt.

DEUTSCHEN FARBFERNSEHENS

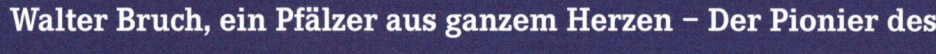

Ein weiterer, sehr berühmter Mann aus Neustadt an der Weinstraße ist Walter Bruch. Er war nicht nur maßgeblich an der Entwicklung der sogenannten „Olympiakanone" – einer speziellen Fernsehkamera für die Olympischen Spiele 1936 in Berlin – beteiligt, sondern auch am Farbfernsehsystem nach dem

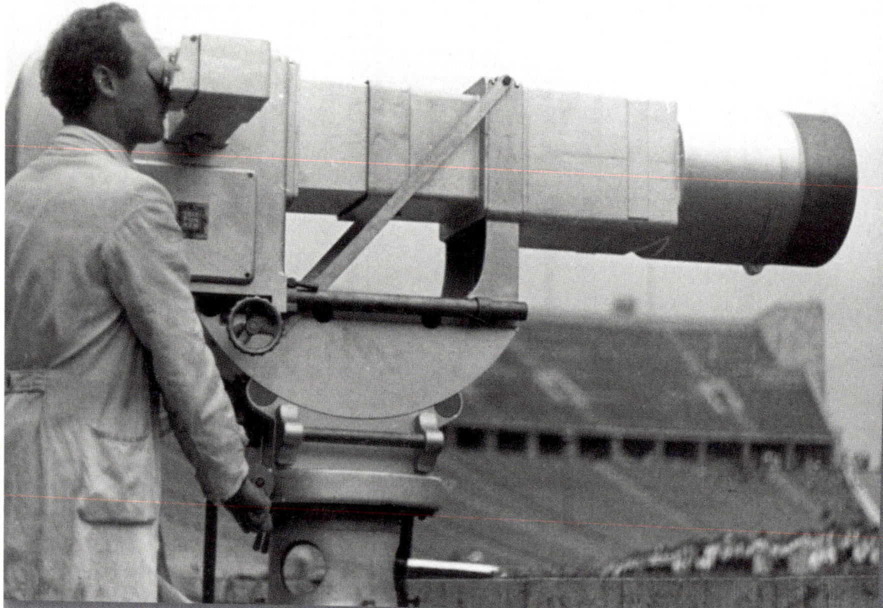

Walter Bruch hinter der „Olympiakanone", einer speziellen Fernsehkamera für die Olympischen Spiele 1936

„Phase-Alternating-Line-Verfahren" – kurz PAL genannt. Das Verfahren verhindert Farbfehler bei der Übertragung von Fernsehsignalen, indem jede zweite Bildzeile um 180 Grad zur vorhergehenden verschoben wird. Wie groß Walter Bruchs Anteil an dieser Entwicklung war, wird bis heute kontrovers diskutiert. Sicher ist aber, dass er sich um die Verbreitung des Systems mehr als verdient und so den beiden Konkurrenzsystemen – die SECAM-Technik aus Frankreich und NTSC aus den USA – den Markt mit Nachdruck streitig gemacht hat.

Um das deutsche System zu verkaufen, reiste Walter Bruch durch die Welt und stellt dabei das PAL-Farbfernsehen sogar dem Schah von Persien, Moham-mad Reza Pahlavi, vor – und trank dabei Kaffee aus Massivgoldtassen, wie er in seinen autobiografischen Schriften selbst berichtete. Bruchs umfangreicher Nachlass an Dokumenten und Schriften befindet sich im Landesmuseum in München und im Archiv der Hochschule Mittweida. Die Hochschule Mittweida hat zu Ehren des berühmten Studenten anlässlich seines 100. Geburtstages im Jahre 2008 ein Buch mit dem Titel „Eines Menschen Leben" herausgegeben, das einen umfassenden Einblick in Walter Bruchs Leben, insbesondere auch die Jugendjahre in der Pfalz gibt.

Als Bruch am 2. März 1908, einem Rosenmontag, geboren wurde, gehörte Neustadt noch zu Bayern. Walter Bruchs Vater, Buchhalter und Korrespon-dent von Beruf, hat die Stadt an der Weinstraße mit dem bekannt milden Klima ganz bewusst als Wohnort für die Familie gewählt, denn Walters

Mutter litt an einer hartnäckigen Bronchitis. Der zur Oberschicht der Stadt Pirmasens gehörenden Familie Bruch, deren Vorfahren sich bis ins 16. Jahrhundert zurückverfolgen lassen, hat das gar nicht gefallen und so nötigte die strenge Großmutter dem Sohn das Versprechen ab, dass Walter nach seinen Kleinkinderjahren zur Erziehung zu den Großeltern nach Pirmasens kommt. Walter Bruch war kaum vier Jahre alt, da stand die resolute Großmutter auch schon vor der Tür und holte ihn ab. Was der Großmutter an Gefühl für den Jungen fehlte, machte der Großvater, von Beruf Apotheker und sehr angesehen in der Stadt, wieder wett. Er nahm Walter am Tage mit in sein Laboratorium in der Apotheke,

Pionier des deutschen Farbfernsehens:
Walter Bruch

wo er schon früh lesen und schreiben lernte. Genauso früh entwickelte sich seine Leidenschaft für alles Technische, darum kam die für die Familie Bruch angemessene Gymnasialschullaufbahn für Walter nicht infrage, er besuchte die Realschule ab 1920 in München, wo inzwischen seine Eltern hingezogen waren. Weil München aber unendlichen Lesestoff für Walter Bruchs Interesse an allem Technischen bot, schwänzte er häufiger die Schule und flog schließlich raus. Die Großmutter besorgte ihm eine Lehrstelle als Maschinenschlosser bei einer Schuhmaschinenfabrik in Pirmasens, die Walter 1925 antrat. Es folgte von 1927 an ein Jahr als Hilfsmonteur bei den Pfalzwerken. In diesem Jahr lernte er seine Heimat bis in den letzten Winkel kennen und lieben und dieses Gefühl ist Walter Bruch bis ans Ende seines Lebens geblieben. „Trotz jahrzehntelanger Abwesenheit geht meine Liebe immer noch dorthin, wo ich meine Kindheit und einen Teil der Jugend verlebte, zur 'Pfalz am Rhein'", schreibt Bruch in seiner Biografie. „Sie bleibt meine Heimat."

Sein Lebensweg führte ihn aber weg aus der Pfalz nach München und später Berlin. 1928 begann er mit der Ausbildung zum Elektrotechniker am Technikum in sächsischen Mittweida, in Berlin schließlich lernte er Manfred von Ardenne kennen, den Erfinder des elektronisch gesteuerten Fernsehgerätes, und bekam durch ihn eine Arbeitsstelle beim Fernsehpionier Dénes von Mihály. 1935 wechselte er zu Telefunken und war an der Entwicklung der Olympiakanone beteiligt und er selbst stand als Kameramann hinter dem noch so riesigen Gerät.

Nach dem Zweiten Weltkrieg wurde er Chef der Entwicklungsabteilung bei Telefunken jetzt in Hannover. Zu der Zeit lief die Entwicklung des Farbfernsehens bereits auf Hochtouren, Hauptproblem blieb der Farbfehler, den schließlich Bruch und sein Team beseitigen konnten. Am 31. Dezember 1962 meldete Telefunken das Patent für ein farbgetreues NTSC-System beim Deutschen Patentamt an. Am 25. August 1967 gab der damalige Bundeskanzler Willy Brandt den Startschuss für das PAL-Farbfernsehen in Deutschland.

Walter Bruch wurde für seine Pionierarbeit vielfach ausgezeichnet, unter anderem 1968 mit dem Großen Bundesverdienstkreuz. Er starb im Alter von 82 Jahren am 5. Mai 1990 in Hannover.

Jede zweite Bildzeile wird um 180 Grad versetzt übertragen, das verhindert den sonst bei der Übertragung von Fernsehsignalen entstehenden Farbfehler.

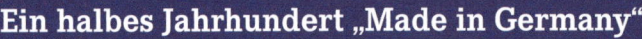

DIE TONKASSEROLLE

Aus der modernen Küche nicht
wegzudenken: der Römertopf.

Vor fünfzig Jahren fehlte sie in keinem Haushalt, weil viel Essen in einem einzigen Topf gekocht werden konnte: Die Tonkasserolle, besser bekannt als Römertopf, hergestellt im rheinland-pfälzischem Westerwald aus hochwertigem heimischen Ton. Heute erlebt der Topf wegen seiner als sehr gesund geltenden Garmethode geradezu eine Renaissance.

Garen in Lehm oder Ton war natürlich nicht neu. Schon die Etrusker, ein antikes Volk im nördlichen Mittelitalien, wussten, dass mit Lehm umhülltes Fleisch nach dem Garen im offenen Feuer zart und saftig bleibt. Ausgrabungen an der toskanischen Küste belegen das. Aber erst 1967 stellte Eduard Bay, Inhaber eines Keramik-Unternehmens im Westerwald, auf einer Messe in Hannover den heute bekannten „Römertopf" vor und obwohl der Handel erst einmal skeptisch blieb, wusste die Hausfrau um den Nutzen der Kasserolle aus Ton.

Die Keramik-Firma von Eduard Bay hatte ihren Sitz in Ransbach-Baumbach, 15 Kilometer nordöstlich von Koblenz gelegen. 1997 ging die Firma in die „Römertopf GmbH" über, die den Römertopf weiter aus hochwertigen Naturtonen aus heimischem Vorkommen in einem speziellen Verfahren am Standort Ransbach-Baumbach herstellt. Inzwischen hat der Römertopf die Welt

Der Ton für den Römertopf wird direkt vor der Haustür im Westerwald abgebaut.

erobert, mehr als 25 Millionen Töpfe wurde verkauft, wobei die Produktpalette durch moderne Formen und nützliches Zubehör wie Brotbackschale, Kartoffelröster oder auch Hähnchenbräter erweitert wurde. „Made in Germany", hochwertige Qualität, Innovationsfreude und Anpassung an den Markt machen den Erfolg des Unternehmens aus.

Die Revolution in der Küche – Das Schott-
GLASKERAMIK-KOCHFELD

Das CERAN-Kochfeld hat die Küche revolutioniert

Wer Raumfahrt nur als teuer und nutzlos betrachtet, sollte sich einmal die vielen Weiterentwicklungen anschauen, die aus ihrem ursprünglich nur für den Einsatz im All gedachten Zweck entstanden sind. Die CERAN® Glaskeramik-Kochfläche zum Beispiel ist eine dieser Weiterentwicklungen. In den 1960er-Jahren nämlich hatte das Mainzer Glasunternehmen SCHOTT Glaskeramik als

Spiegelträger für Weltraumteleskope entwickelt. Das Material erwies sich als enorm hitzebeständig und wies fast keine thermische Ausdehnung auf. Für die Forscher bei SCHOTT waren das perfekte Grundlagen für die weitere Forschung. Und schließlich gelang es dem Unternehmen schwarze Glaskeramik-Kochflächen herzustellen, die 1971 erstmals vorgestellt wurden. Diese schwarzen „Kochfelder" lösten eine Revolution in der Küche aus. Statt Gas- oder Elektrokochplatten zog die Glaskeramik in die Küche ein. CERAN® entwickelte sich zum Bestseller nicht nur in Deutschland. Weltweit wurde die Kochfläche aus dem Hause SCHOTT bislang über 130 Millionen Mal in 140 Ländern verkauft.

Gegründet wurde das Unternehmen 1884 von Otto Schott, Ernst Abbe, Carl und Roderich Zeiss in Jena als „Glastechnisches Laboratorium Schott & Genossen". Später wurde das Werk Stiftungsunternehmen und nach dem Zweiten Weltkrieg ein sogenannter „volkseigener Betrieb" in der sowjetischen Besatzungszone. 1952 baute Erich Schott, der Sohn des Firmengründers, das zur Carl-Zeiss-Stiftung gehörende Unternehmen in Rheinland-Pfalz neu auf, Mainz wurde Sitz des Hauptwerks und Firmenzentrale von SCHOTT. Damit begann eine rasante Entwicklung des Unternehmens mit Produktionsstandorten in Europa, in den USA, Asien– und Südamerika. 2004 wurde das Unternehmen in eine Aktiengesellschaft umgewandelt, deren alleinige Aktionärin die Carl-Zeiss-Stiftung ist.

Angefangen hatte SCHOTT in Jena mit der Entwicklung von optischen Gläsern und technischen Spezialgläsern und durch Neu- und Weiterentwicklungen die Einsatzbereiche immer weiter ausgebaut. Darunter waren etwa Glasröhren sowie Ampullen und Spritzen für die Pharmaindustrie und Glaskolben für Fernsehgeräte. In der Raumfahrt ist SCHOTT seit den 1950er-Jahren präsent. So auch 1969, als nämlich optische Gläser des Unternehmens die spektakulären Fotos und Fernsehbilder von „Apollo 11" ermöglichten, als Neil Armstrong und Edwin Aldrin als erste Menschen den Mond betraten. Die Entwicklung von Dünngläsern ermöglichten seit 1993 beispielsweise Weiterentwicklungen in der Flachdisplay-Technik und damit beginnt auch schon die Zukunft des überaus vielfältigen Materials Glas – als Innovationsmotor für

Smartphones und Sensoren von Morgen. Das Unternehmen bleibt mit seiner über 130-jährigen Erfahrung und herausragenden Entwicklungen einer der führenden Technologiekonzerne auf den Gebieten Spezialglas und Glaskeramik.

Und die CERAN® Glaskeramik-Kochfläche hat seit ihrer Entwicklung Anfang der 1970er-Jahre ihr Gesicht stark verändert und viele Fortschritte gemacht. Jenseits des klassischen Schwarz lassen sich heute über 5000 verschiedene Farb-Kombinationen verwirklichen. Das Resultat sind individuelle Designs in warmen oder kühlen Tönen, die für das gewisse Etwas sorgen: im Edelstahl-Look, in Matt-Optik oder mit 3-D-Effekten.

Glaskeramik wurde bei Schott ursprünglich als Spiegelträger für die Raumfahrt entwickelt, heute ist die schwarz-glänzende Scheibe aus der Küche nicht mehr wegzudenken.

Seit kurzem sorgt außerdem eine neue, äußerst resistente Beschichtung namens SCHOTT CERAN® Miradur™ dafür, dass die Kochfläche auf bisher einzigartige Weise vor Kratzern geschützt ist. Die Oberfläche erreicht nun nahezu die Ritzhärte eines Diamanten.

DER SCOUT-RANZEN

Früher bestand der Schulranzen aus Leder, robust war er und schwer, und er hatte nur eine Aufgabe: die wertvollen Schulmaterialien zu schützen vor tobenden Kindern, die das als Tornister bekannte Schulutensil gern auch einmal in die Ecke feuerten. Was das starre, eckige und voll beladen sehr schwere Gestell den Kinderrücken antat, rückte erst 1975 in den Blick kritischer Lehrer und Eltern, nachdem die Firma Sternjakob den

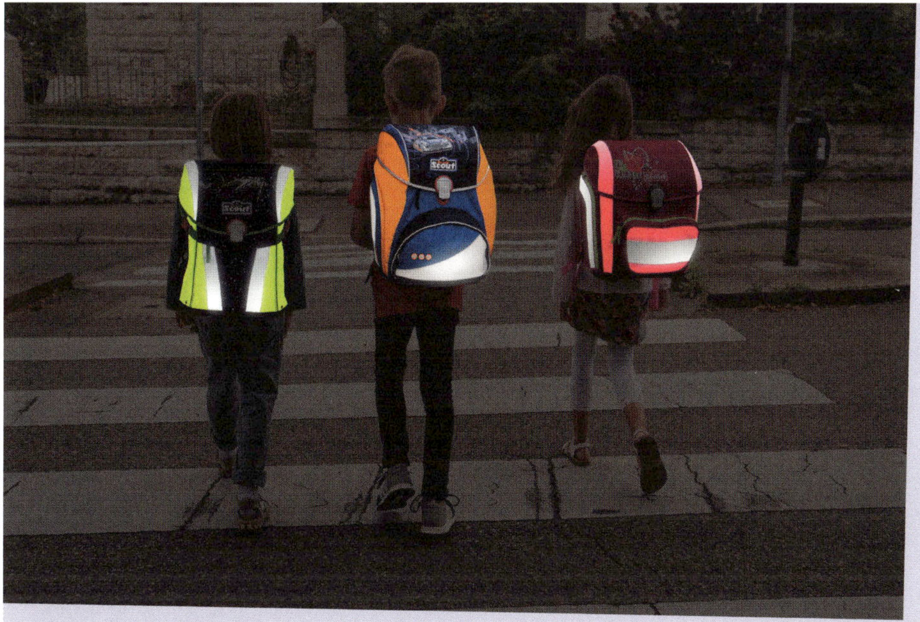

Die Sicherheit spielt heute beim Ranzen eine genauso große Rolle wie die Rückengesundheit.

knallig-bunten Scout-Ranzen aus leichtem Kunststoff mit Sicherheitsreflektoren auf den Markt brachte. In den 1980er-Jahren schließlich wurden Orientierungsrichtlinien für Schulranzen aufgestellt, die Empfehlungen etwa für die richtige Breite von Trageriemen abgaben, um das nur von den Schultern getragene Gewicht besser auszuhalten.

Die Firma Sternjakob verstand etwas von Schulranzen. Das 1934 von Alfred Sternjakob in Pirmasens gegründete Unternehmen produzierte neben Arbeitshandschuhen aus Leder eben auch die besagten Tornister. Tatsächlich ähnelten die bis in die 1960er-Jahre typischen Schulranzen den Militärtornistern des 19. Jahrhunderts. Zwar wurden sie immer weiter verbessert und etwa durch einen Brustriemen ergänzt, um das Gewicht rückenschonender zu verteilen. Bis Mitte der 1970er-Jahre bestimmten dennoch Ledermodelle in Kastenform das Aussehen, geschlechterspezifisch unterschieden durch die Länge der Klappen oder die Form der Riemchen. Der Ranzen selbst hatte bereits sein Gewicht. Hinzu kamen die schwere Schiefertafel mit dem am Holzrahmen befestigten Schwämmchen und Läppchen zum Reinigen der Tafel, beides baumelte auf dem Schulweg an der Außenseite des Ranzens, ein typisches Bild eines Schulkindes bis in die späten 60er-Jahre. Selbst Kreide und Stifte wurden in einem Holzkästchen verwahrt, das zusammen mit den Schulbüchern das Gewicht weiter erhöhte. Es fällt nicht schwer, sich das Gesamtgewicht vorzustellen, das Schulkinder bis zur Erfindung des Leichtranzens aus Textilgewebe namens Scout der Firma Sternjakob zu schleppen hatten. Für gesundheitsbewusste Eltern jeden-

Der klassische Schultornister war ausschließlich dazu gedacht, die wertvollen Schulutensilien zu schützen.

falls ging an dieser genialen Erfindung schon sehr bald kein Weg mehr vorbei und der Scout-Ranzen wurde zum Verkaufsschlager. Scout wurde Marktführer in Deutschland und zugleich der weltgrößte Schulranzenhersteller. Kinder schätzen noch heute neben dem weitaus geringeren Eigengewicht natürlich die knallig bunten Motive, mit denen der neue Leichtranzen bedruckt ist, ob Dinosaurier für Jungs oder Prinzessin für Mädchen, für jeden ist etwas dabei. Auch dem Aspekt der Sicherheit wurde und wird Rechnung getragen, war es früher das fluoreszierende Gewebe mit Katzenaugen an den Schlössern, werfen heute Leuchtstreifen aus reflektierendem Material das Licht zurück, sodass die Kinder im Straßenverkehr noch besser gesehen werden!

Der Leichtranzen rückte endlich die Rückengesundheit der Kinder in den Mittelpunkt.

Die Firma Sternjakob übersiedelte bereits kurz nach der Gründung ins vorderpfälzische Frankenthal. Einer ihrer ersten Kunden war Gustav Schickedanz vom berühmten Versandkaufhaus Quelle. Wegen des großen Erfolges des Scout-Ranzens wurde das Sortiment um Schulzubehör wie Heftmäppchen, Sporttaschen und anderes mehr erweitert. 1990 verkaufte der Sohn des Firmengründers das Unternehmen an den Lederwarenhersteller Fritz Steinmann in Nürnberg, der das Markenportfolio um weitere Produkte wie Schulrucksäcke und Reisegepäck ausbaute. Zwischenzeitlich sind Vertrieb und Verwaltung von Scout-Schulranzen und den anderen Marken der Steinmann-Gruppe an deren Stammsitz in Nürnberg konzentriert. Der Scout-Werksverkauf wird nach wie vor in Frankenthal betrieben und ist gerade kurz vor Schuljahresbeginn eine sehr begehrte Anlaufstelle − nicht nur für künftige ABC-Schützen und deren

Eltern. Und bei den obligaten Schulranzentests landen Ranzenmodelle der Marke Scout noch immer unter den Testsiegern.

Der Scout-Ranzen fand sogar Einzug ins Historische Museum in Berlin, das einen Ranzen von Sternjakob aus der Modellreihe 1995 in seine Abteilung Alltagskultur aufgenommen hat.

HUMAN SOLUTIONS

Vorher sehen, wie das Kleidungsstück aussieht und ob es wirklich passt: die virtuelle Anprobe.

Ein Kleidungsstück muss zwei Voraussetzungen erfüllen. In erster Linie muss es natürlich gefallen. Viel wichtiger aber ist der zweite Punkt, es muss passen! Bei individueller Maßanfertigung ist das die Regel, doch die ist teuer, weil nicht in entsprechend großer Stückzahl gefertigt werden kann. Denn den Normkörper gibt es nicht. Deshalb muss die Textilindustrie Kleidung von der Stange dem „Durchschnittsmenschen" anpassen. Heißt, es müssen möglichst viele Menschen „vermessen" werden, um an die erforderlichen Daten zu kommen. Und das geschieht heute mit sogenannten „Bodyscannern", die mit entsprechender Software ausgestattet, nicht nur dem Bekleidungshandel noch ganz andere Möglichkeiten bieten. Die weltgrößte dieser Datenbank hat die Firma Human Solutions in Kaiserslautern erstellt.

Der Grundgedanke bei der Gründung von Human Solutions im Jahr 2002 war es, den Menschen zum Mittelpunkt der Produktentwicklung und -fertigung zu machen – das war neu und weltweit einzigartig. Heute liefert das Unternehmen Hard- und Softwarelösungen für die Entwicklung marktgerechter Produkte in der Bekleidungs- und Fahrzeugindustrie. Schon im Gründungsjahr hat die Human-Solutions-Gruppe Bodyscanning für die Herstellung von Maß-konfektion in die Bekleidungsindustrie eingeführt. 2007 erfolgte die erste repräsentative Reihenmessung, bei der die Messergebnisse in digitaler Form in einem Online-Portal zugänglich gemacht wurden. Bereits 2013 arbeiteten die Top 30 der Fahrzeugindustrie und 2015 82 Prozent der führenden Unternehmen der Bekleidungsindustrie mit Produkten aus dem Hause Human Solutions, das damit Marktführer in Deutschland wurde und weltweit auf Platz 3 rangierte. 2006 wurde Human Solutions mit dem Unternehmerpreis „Innovativer Mittelstand" ausgezeichnet.

Der 3D-Bodyscanner, bei dem Menschen mittels Laser berührungsfrei vermessen werden, nimmt automatisch Maß vor Ort und liefert die Daten digital an Schnittkonstruktion und Cutter. So kann auch Maßkonfektion zu wettbewerbsfähigen Preisen angeboten werden und langfristig mit Blick auf den zunehmenden Online-Handel und die wegen mangelnder Passform ausgelöste Rücksendeflut ein weiterer Weg zur Reduzierung von Ressourcen und Kosten sein. Auf das Wissen rund um den menschlichen Körper baut Human Solutions fortlaufend auf. So hat das Unternehmen einen „virtuellen Scanner" entwickelt. Dieser ist die technische Grundlage für eine Lösung, die im Online-Handel dabei hilft, die richtige Größe zu finden. Der Kunde macht vier einfache Angaben – sein Geschlecht, Alter, Körperhöhe und Gewicht – und erhält einen Avatar, den er mit ein paar Klicks an seine eigene Körperform anpassen kann. Dadurch werden individuelle Eigenschaften, wie beispielsweise ein schmale Hüfte oder eine kräftige Taille berücksichtigt.

Wählt der Kunde nun ein Kleidungsstück aus, wird ihm angezeigt, ob es ihm passt oder an welchen Stellen es zu weit oder zu eng sein könnte.

Um Passform geht es auch in der Fahrzeugindustrie. Dazu wurde das „Menschmodell Ramsis" entwickelt, ein „rechnergestütztes anthropometrisch-mathematisches System zur Insassen-Simulation". Die Fahrzeugindustrie muss bei der Entwicklung eines neuen Autos, aber auch beim Bau von Flugzeugen, Bussen und Bahnen, Komfortaspekte berücksichtigen wie Körperhaltung, Raumbedarf, Erreichbarkeit der Bedienelemente und Sicht. Mit „Ramsis" können sämtliche vom Menschen zu erwartende Bewegungsabläufe im Fahrzeuginnenraum oder etwa

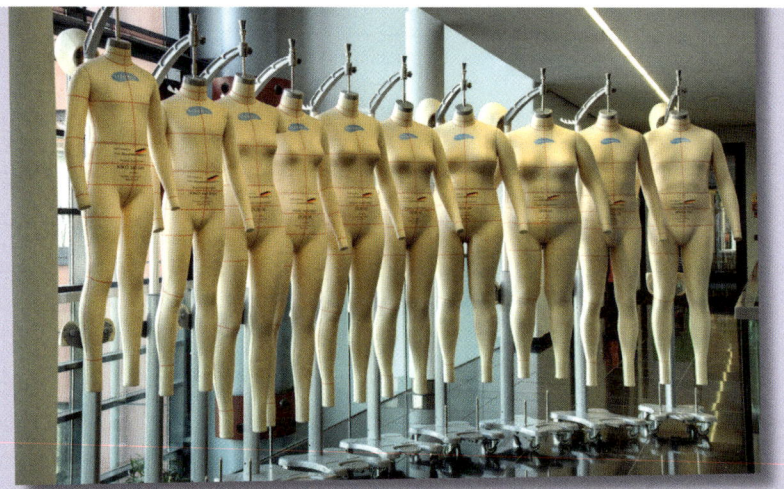

Kleidung von der Stange braucht Maße der Durchschnittsmenschen. Doch die müssen erst einmal erfasst werden.

auch beim Umgang mit großen, schweren Maschinen simuliert werden und so die weitere Entwicklung beeinflussen. „Ramsis" wurde im Rahmen eines Forschungsprojektes der Automobilindustrie entwickelt, um für die Konstruktion eines Fahrzeuges über ein adäquates Werkzeug für ergonomische Belange zur verfügen. Körperumrissschablonen oder auch die Kieler Puppe, die vorher diese Aufgaben übernommen haben, konnten den Ansprüchen innerhalb der digitalen Konstruktionsumgebungen nicht mehr genügen. Erarbeitet wurde „Ramsis" an der Technischen Universität München. Die Softwareentwicklung

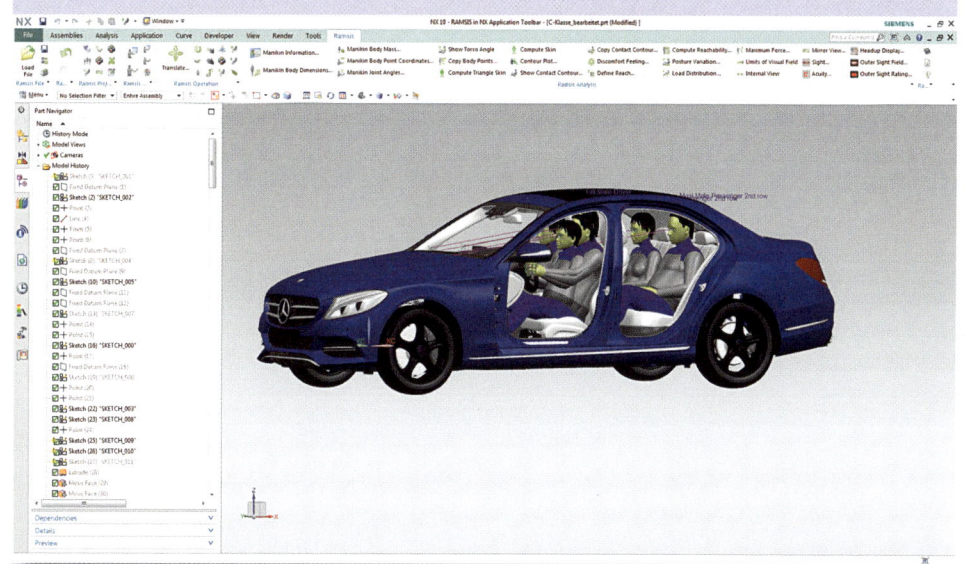

Auch bei der Entwicklung von neuen Fahrzeugen kommt der Passform eine bedeutende Rolle zu. Dabei hilft „Ramsis".

und den internationalen Vertrieb übernahm Human Solutions in Kaiserslautern. Seitdem erfährt „Ramsis" kontinuierlich eine weitere Verbreitung auf der ganzen Welt und auch die funktionale Entwicklung bleibt nicht stehen.

2017 begann das Unternehmen das bislang größte Vermessungsprojekt in Zusammenarbeit mit der Bekleidungs- und Fahrzeugindustrie in den USA und Kanada. Inzwischen arbeiten an den Standorten Kaiserslautern, München, Mailand und Cary in den USA rund 200 Mitarbeiter für über 1000 Kunden in 50 Ländern der Erde. So benutzt beispielsweise die US-Armee Bodyscanner von Human Solutions um ihre Größensysteme ständig zu verbessern.